出版说明

　　为了吸收发达国家职业技能培训在教学内容和方式上的成功经验，我们引进了日本大河出版社的这套"技能系列丛书"，共 17 本。

　　该丛书主要针对实际生产的需要和疑难问题，通过大量操作实例、正反对比形象地介绍了每个领域最重要的知识和技能。该丛书为日本机电类的长期畅销图书，也是工人入门培训的经典用书，适合初级工人自学和培训，从 20 世纪 70 年代出版以来，已经多次再版。在翻译成中文时，我们力求保持原版图书的精华和风格，图书版式基本与原版图书一致，将涉及日本技术标准的部分按照中国的标准及习惯进行了适当改造，并按照中国现行标准、术语进行了注解，以方便中国读者阅读、使用。

联接件

轴

轴承

目　录

日本经典技能系列丛书

机械零件常识

(日) 技能士の友編集部　编著

黄 文　陆 宏　译

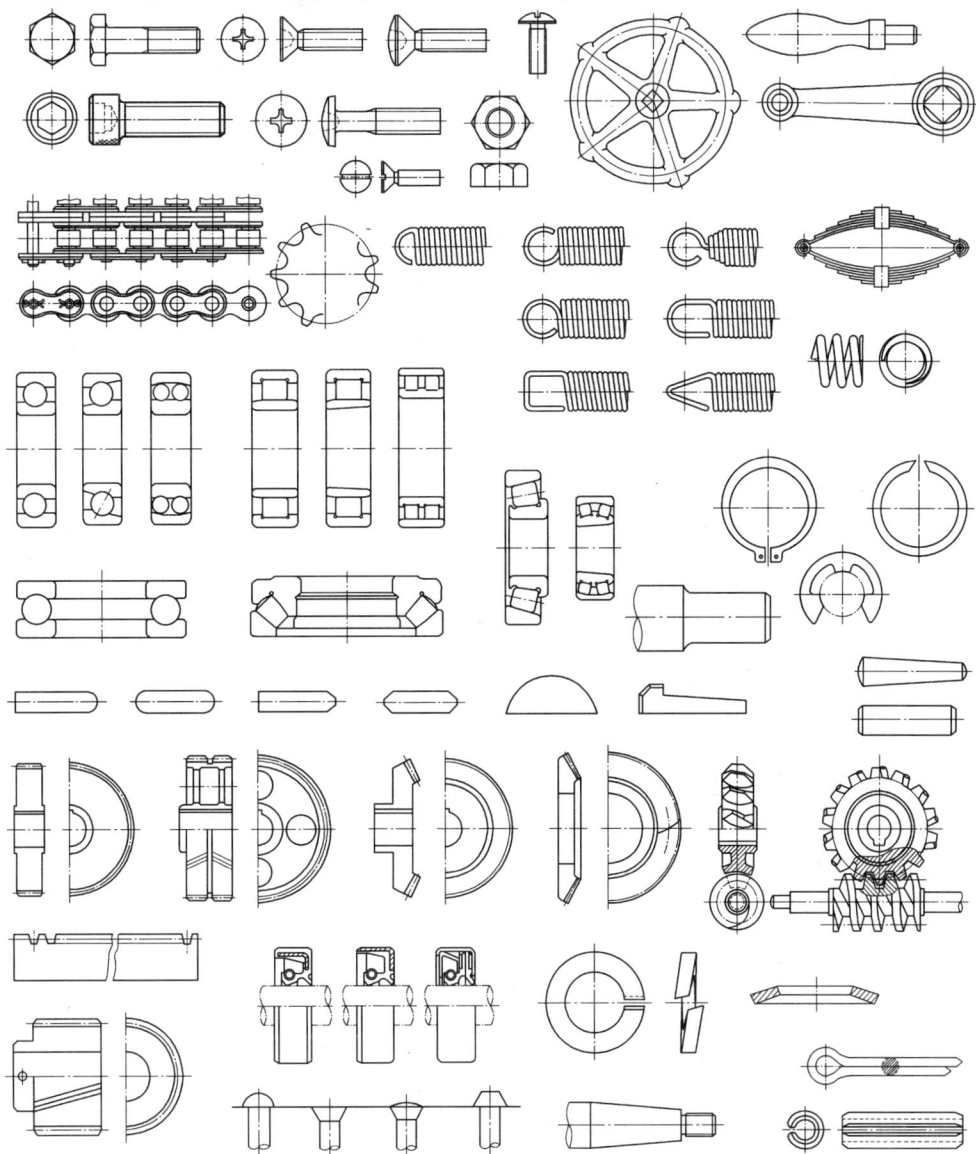

机械工业出版社

构成机械的基本元件叫做机械零件，如轴、轴承、螺钉、齿轮、带轮等。本书是一本关于机械零件常识的书，主要介绍常用的机械零件都有哪些、具有什么功能、具有哪些相关标准。主要内容包括：联接件、轴、轴承、传动件、其他零件及精度等。

本书可供机械加工工人入门培训使用，还可作为相关专业师生的参考用书。

图书在版编目（CIP）数据

机械零件常识／（日）技能士の友编集部编著；黄文，陆宏译. —北京：机械工业出版社，2013.9（2024.4 重印）
（日本经典技能系列丛书）
ISBN 978-7-111-40918-2

Ⅰ.①机… Ⅱ.①技…②黄…③陆… Ⅲ.①机械元件 Ⅳ.①TH13

中国版本图书馆 CIP 数据核字（2013）第 308524 号

机械工业出版社（北京市百万庄大街 22 号 邮政编码 100037）
策划编辑：王英杰 王晓洁 责任编辑：王晓洁
版式设计：霍永明 责任校对：刘 岚
封面设计：鞠 杨 责任印制：任维东
北京中兴印刷有限公司印刷
2024 年 4 月第 1 版第 11 次印刷
182mm×206mm · 6.833 印张 · 216 千字
标准书号：ISBN 978-7-111- 40918-2
定价：35.00 元

凡购本书，如有缺页、倒页、脱页，由本社发行部调换
电话服务 网络服务
服务咨询热线：010-88361066 机 工 官 网：www.cmpbook.com
读者购书热线：010-68326294 机 工 官 博：weibo.com/cmp1952
010-88379203 金 书 网：www.golden-book.com
封底无防伪标均为盗版 教育服务网：www.cmpedu.com

传动零件

其他零件

精度

目　录

机械都是由各种各样的零件组成的。这些零件的作用各不相同：有的起着联接零件的作用；有的起着传递动力和运动的作用；有的起着支撑回转轴的作用等。具有这些功能的零件，称之为机械零件。大多数功能类似的零件，都已实现了标准化，设计者在设计中也会尽量多地采用标准零件。

　　组成机械的机械零件都有哪些呢？它们的工作原理是什么呢？这些答案都可以在本书中找到。

●螺栓·螺母·螺钉·紧定螺钉·垫圈·销·铆钉·
防松装置·扁销

联接件

螺纹联接件

我们通常所说的"螺丝"，并非是指机械零件上的螺纹，而是指螺纹零件，即用来联接机械零件用的螺纹零件。

既然螺纹零件是用来联接的，那么必定要有外螺纹和内螺纹。螺栓、小螺钉、紧定螺钉上有外螺纹；螺母上有内螺纹，在有些机械、结构件主体上也有通过攻螺纹加工出的内螺纹。

以上都统称为螺纹零件，它们都有作为螺纹零件的共同的特征和描述语。对于螺纹联接件，如它们配合的部分不对应，那么它们就起不到联接的作用，只能起一般"螺钉"的作用。另一方面，如果知道它们的共同的特征，那么就可以非常容易地找与它们相配合的零件。

首先要介绍的是螺纹的公称尺寸，准确地说是表示螺纹的形式以及螺纹直径大小的标记。

例如，有 M24、W3/4 这样的标记。这

里，M 表示米制螺纹，W 表示英制螺纹。W 表示的英制螺纹已经从 JIS⊖ 中消失了，但在一些特殊行业如船舶、铁路机车、建筑行业现在还在使用中。字母后面的数字表示螺纹的大径，M24 表示螺纹大径为 24mm，W3/4 表示螺纹大径为 3/4in。

只要是标准螺纹零件，对应于每个公称尺寸，其螺距也已经标准化，可以通用。

▲在机械主体上加工出的内螺纹的螺钉联接

⊖ 日本工业标准。——译者注

M24 螺纹的螺距为 3mm，W3/4 螺纹的 1in 长度上有 10 个牙。事实上，除了极个别情况外，几乎所有的螺纹零件都是标准件。

但是，在一些特殊的地方，有的不用标准粗牙螺纹，而是采用细牙螺纹；也有的不用标准螺距的螺纹，而是采用特殊螺距的螺纹。

螺纹牙的形状有三角形、梯形、矩形、锯齿形等。螺纹联接件的螺纹牙型大部分都是三角形的。

此外，除在非常特殊的地方（例如，如果在转轴的轴端上使用右旋螺纹，工作时会自然松动处）使用左旋螺纹以外，几乎全部都使用右旋螺纹。

最后，介绍螺纹公差等级的问题。螺纹的公差等级分为 1～3 级。这个公差等级和螺纹牙的表面粗糙度、螺距、螺纹牙型的角度没有关系，仅仅表示外螺纹大径、外螺纹小径、内螺纹大径、中径、内螺纹小径的尺寸公差（152 页）。1 级的公差小，3 级的公差大。

▲左旋螺纹的零件

▲砂轮机的左侧的轴上使用左旋螺纹防止松动

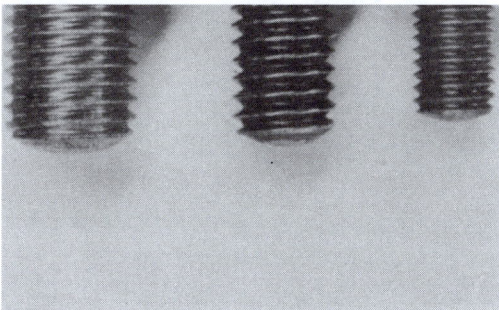

▲左：粗牙普通螺纹，右：细牙螺纹

▲螺栓的螺纹大部分都是三角形螺纹

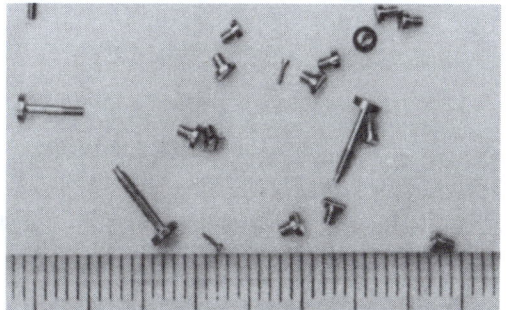

▲还有这样小的螺钉

螺纹联接件的力学性能

螺纹联接件的作用是将两个以上的零件联接起来。对于螺纹联接件来说，最重要的是力学性能。当用螺栓把两个零件紧固联接起来时，螺栓受拉力作用，螺栓不能出现被拉断的现象。因此，螺纹联接零件的抗拉强度是非常重要的。

因此，在 JIS 中以抗拉强度为基准对各种强度的螺栓（包括螺钉、紧定螺钉）进行了规定。以强度为划分基准，Ⅰ栏分为 12 个等级，Ⅱ栏分为 4 个等级，而且规定Ⅰ栏的优先采用。

在Ⅰ栏中，使用带有小数的数字：3.6、4.6、4.8、5.6、5.8、6.6、6.8、6.9、8.8、10.9、12.9、14.9 来区分强度等级。这些数字的意义为（以 4.6 为例）：

4.6
┊┊
┊└┈┈┈屈服强度的最小值为左侧数字的 60%
└┈┈┈┈抗拉强度的最小值为 40kgf/mm²⊖

在按照抗拉强度分为 16 个等级的同时，也对下面较难理解的项目进行了规定。

● 抗拉强度（kgf/mm²）的最小值、最大值。

● 硬度（布氏硬度 HB 或者洛氏硬度 HRB、HRC）的最小值、最大值。

● 屈服极限（kgf/mm²）的最小值、保证承载应力、断裂伸长率、斜楔拉伸的抗拉强度、冲击强度、头部打击强度、螺纹部分的渗碳层以及非渗碳层的深度。

不过，这些都是要求螺纹零件生产厂家满足的条件，和本书的读者没有多少直接关系。

⊖ 1kgf/mm² =10MPa。——译者注

在Ⅱ栏中，以 T4、T5、T6、T7 来区分，T 是抗拉强度的标记。数字 4～7 表示抗拉强度的最小值为 40～70kgf/mm²。

Ⅰ栏的标准是参考 ISO 标准来制定的，Ⅱ栏是 JIS 的旧标准。在修定 JIS 使其与 ISO 标准一致的同时，还保留了旧标准。

带有内螺纹的螺母的机械强度与螺栓不同。

螺母的强度分为 4、5、6、8、10、12、14 七个等级。螺栓与螺母拧紧联接时，疲劳破坏

▲4T 级强度的标记

▲12.9 级强度的内六角螺栓的标记

先在螺栓上出现，一般都是螺栓断裂失效。正因为如此，螺栓是以抗拉强度为基准的。螺母是与螺栓拧紧在一起的，对于螺母的机械强度的要求是，不允许出现因螺母变形而使螺纹失效的现象。

螺纹零件的强度大致可以根据其硬度来判断。因此，相应标准对保证承载应力（kgf/mm²）和布氏硬度（HB）、洛氏硬度（HRC）的最大值等都进行了规定。但这大都是对螺纹零件制造商的要求，本书的读者只要知道有这些标准就可以了。

这些螺栓或者螺母的机械强度分别在规定的地方标记。对于六角头螺栓，在头部的上表面用阴文或者阳文，或者在头部的侧面通过阴文刻字来标识。

标准对于其他零件的规定与此类同，可对照理解。

螺母的强度用数字、点痕、六角棱上的切口的各种组合来标记。

但是，这些强度的标记只限于强度大的零件，公称尺寸小的、一般的零件一般没有标记。

▼**螺母的强度标记方法**（JIS B1052）

强度等级			4	5	6	8	10	12	14
数字式			4	5	6	8	10	12	14
印标记	钟表式	A	—	—					
		B	—	—					
切口标记			—	—					

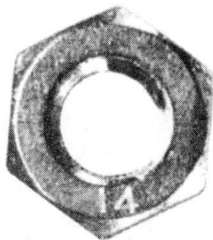

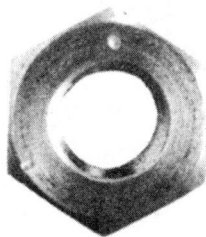

▲14 级强度　　▲8 级强度的标记　　▲用切口来标记 6 级强度

螺栓的种类

在 JIS 中对联接件中各种螺栓（bolt）的形状、尺寸等都做了规定。但对于有的螺栓只规定了形状，或者只根据用途规定了相关术语。此外，有的名称是根据其使用状态来命名的。

● 六角头螺栓——见 12 页。

● 双头螺柱——双头螺柱的英文是 stud bolt。它的两端有螺纹，使用方法是拿住无螺纹的部分，将其一端拧入被联接件，另一端穿过另一被联接件上的通孔，再用螺母拧紧。平头端（22 页）、螺纹长度短的一端拧入被联接件；球头端、螺纹长度长的一端（22 页）是拧螺母端。螺纹部分的长度由螺柱的公称直径确定，无螺纹的光杆部分的长度决定了双头螺柱的长度。

双头螺柱按机械强度分为 4.8、8.8、10.9、4T 四种。

双头螺柱两端的螺纹仅从外观来看很难区分，拧入被联接件部分的螺纹和与螺母配合拧紧部分的螺纹是不同的。将拧紧的螺母拆卸下来时，是不允许螺柱从被联接件上松脱的。因此，螺柱拧入被联接件端螺纹的有效直径的公差为正偏差，而与之配合的被联接件上的内螺纹的公差等级应为 5H 或者为 1 级，使其为有过盈配合。

但是，实际情况如何呢？

▲ 双头螺柱。左端拧入被联接件，平头端；右端为拧螺母端，球头端

▲ 内六角圆柱头螺栓。一般拧入到机器主体上与内螺纹联接

因为螺柱螺纹尾部有不完整螺纹，在拧入被联接件时，需要用力拧入，经常以此来防止出现松脱现象。螺母是不会拧到螺柱的不完整螺纹部分的，这样拆卸螺母时就不会出现螺柱松脱的情况。

● 内六角圆柱头螺栓——头部呈圆柱形，表面滚花，带内六角沉孔。钢制螺栓的力学性能（8 页），按照强度分为 10.9、12.9 两个等级。此外，表面经过发黑处理，呈黑色。

当不想露出螺栓头部，或者为使结构全体紧凑不留扳手空间时，可使用这种螺栓。紧固时需要使用内六角扳手。

此外，其头部直径约是公称直径的 1.5 倍，高约等于公称直径。

● T 形槽螺栓——配合机械上的 T 形槽使用的螺栓。虽然其头部类似于方头螺栓，但是倒角的方法不同。为了便于从 T 形槽的端部装入，只对两个对向面中的一侧倒角。按照机械强度分为 6.8、8.8、6T 三种。

T 形槽是标准的（118 页），对应于 T 形槽的基本尺寸，T 形槽螺栓也是标准化的。其杆部的直径、头部的高度和宽度都分别比 T 形槽对应的部分小一点。

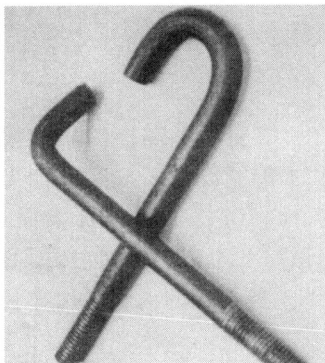
▲地脚螺栓。L形、J形部分埋入混凝土中

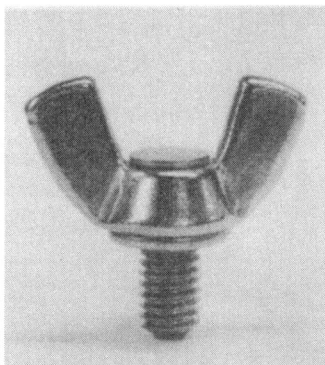
▲蝶形螺栓。英语名称为 wing bolt

▲吊环螺钉。为了能承受起吊重量，由锻造而成

在机械零件中，这些作为紧固件使用的螺栓，在 JIS 中都有标准化的规格。

●**地脚螺栓**——机械构件在混凝土基础上安装时，将这种螺栓的呈 J 形、L 形的一端埋入混凝土中使用。

●**蝶形螺栓**——形如其名，一目了然。根据头部形状，JIS 将其分为 1 类和 2 类。由于这是用手来拧紧的螺栓，其等级、形状等也规定得不太严格。

●**吊环螺钉**——英文称为眼形（eye）螺栓。这个眼是用来穿钢丝绳或者挂吊钩用的。为了使吊环螺钉能承受起吊重量，对其多种技术条件都作了规定，如制造技术要求为锻造后正火处理。

●**沉头螺栓**——可以认为是小螺钉（16 页）的放大。可在不想使头部露出表面、受力不大时使用。有的在头部有开槽，有的带有榫。

●**半圆头方颈螺栓**——形如其名。将头部的方形颈部嵌入被联接件的槽中，减小突出表面的高度，从反面将螺母拧紧。

因为其多用在受力不大的地方，所以材料比较软，对其力学性能也没有规定。

●**方头螺栓**——不同于六角螺栓，头部呈四角形。适用于对力学性能没有要求的地方。

还有一种头部较大的大方头螺栓。

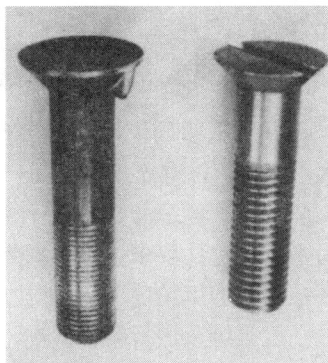
▲沉头螺栓。左侧的带榫，右侧的开槽

▲半圆头方颈螺栓。螺栓头的颈部呈方形

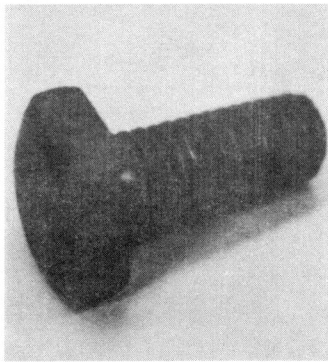
▲方头螺栓。机械行业中很少使用

六角头螺栓

如果不明确说明，一般所说的"螺栓"大都是指这种螺栓。

使用螺栓联接时，有各种各样的要求。为了满足这些要求，可根据螺栓的材料，对螺栓的"加工精度"、"螺纹的等级"、"机械强度等级"进行组合，制订出各种制造技术条件。以钢制螺栓（M39以下）为例，有如下的组合。

加工精度		高、中、普通
螺纹等级	I栏	4h, 6g, 8g
	II栏	1级、2级、3级
机械强度等级	I栏	4.6、4.8、5.6、5.8
		6.8、8.8、10.9、12.9
	II栏	4T、5T、6T、7T

为了控制加工精度，对螺栓的表面粗糙度、形状、尺寸精度进行了规定。加工精度"高"的螺栓，其座面、螺杆表面、头部上面的表面粗糙度为25S，头部侧面的表面粗糙度为50S，各部分的形状、尺寸公差也较小。

螺纹的等级以I栏优先。这与ISO标准一致，下面将主要介绍此类。II栏是1974年以前的JIS，旧的螺栓以此为标记。

机械强度等级也是以I栏优先。同样，I栏与ISO标准一致，II栏是1974年以前的JIS。

除了高精度或者特殊尺寸以外，一般螺栓都是使用外购的标准件。因此，没有必要

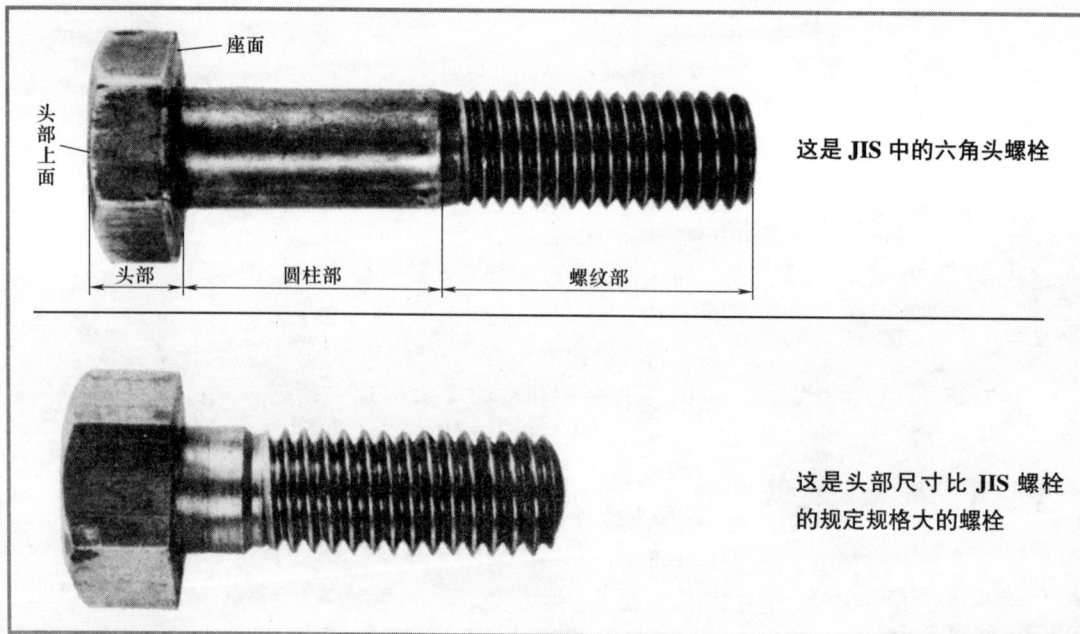

座面
头部上面
头部 圆柱部 螺纹部

这是JIS中的六角头螺栓

这是头部尺寸比JIS螺栓的规定规格大的螺栓

了解得非常详细。但是，市场上销售的螺栓并非都是 JIS 标准件，特别是打开包装后就更无法区分了。这一点在使用中必须注意。与使用密切相关的是螺栓的制作方法和质量。

螺栓主要是用冷搓加工制造的。螺纹的质量只要和内螺纹试装一下就知道了。常出现问题的是螺栓头。六角形螺栓头是将线材或者棒材剪断，然后用冷镦机冷镦成形，最后以落料成形加工成的。如加工精度不高，螺栓头座面会出现"毛边"。毛边和被联接件表面相抵，使得螺栓无法完全拧紧，而且还会将被联接件表面划伤。如果使用在振动机器上，还容易产生松动。

因此，根据情况有时会使用用六角棒材切削加工的螺栓，将搓制螺栓头部的上面（外观上）、座面一起切削加工出的螺栓在市场上也有出售的。

根据螺栓头部上面、座面、螺杆部是否有切削痕迹，头部的侧面是磨削棒（冷拔）表面，还是落料剪断表面等，可以判断螺栓是搓制加工的还是切削加工的。据此可以估计出座面与螺杆的垂直度。

在六角头螺栓的 JIS 中，有一般的"六角头螺栓"和"小六角头螺栓"。小六角头螺

▲六角形螺栓头部为落料加工成形，可以看到剪断面的痕迹。左侧为螺栓头的上面，经过倒角；座面经过切削加工

栓的头部的扳手口尺寸较小。扳手口尺寸（B）与螺纹的公称直径（b）之比大于 1.45 的为普通六角头螺栓，小于 1.45 的为小六角头螺栓（有例外）。

以 M10 的螺栓为例，比较一下看看。

	B	b	B/b
普通六角头螺栓	17	10	1.7
小六角头螺栓	14	10	1.4

六角头螺栓的公称直径为 M3~M80，一定范围内对应于各种公称直径和等级，对其螺距、尺寸、形状等都作出了规定。

但是，小六角头螺栓的公称直径仅限于 M8 ~ M39。

六角头螺栓的标记按照种类、加工精度、螺纹的公称直径×螺杆长度（l：公称长度）、螺纹的等级、强度等级（8 页）、材料、指定事项的顺序来标记。例如："六角头螺栓，中，M8×40，6g，6.8，S20C，带座"。

▲使用拉拔的六角棒材　　▲冷镦成形的
　切削加工的

13

螺母的种类也有各种各样，JIS 中有多种，标准之外也有多种。

●**六角螺母** = 螺母的代表。与螺栓相同，根据 B/b 的值分为 2 类，根据形状分为 4 类。

等级的区分方法与六角头螺栓相同，标记方法也相同。

1 型的外侧上面和螺纹侧下面倒角。

2 型的外侧两面、螺纹侧两面都倒角。

3 型是将 2 型的高度（厚度）减小了，形状相同。

4 型的外侧上面倒角，下面带有法兰面。

因此，使用时 1、4 型要区分上下面，2、3 型没有上下面的区分。

六角螺母在 JIS 中只有以上几个种类。和六角头螺栓相同，将螺母从包装中取出后，就无法区分它是否是 JIS 标准件。实际上，4 型的螺母基本上见不到。六角形落料成形的毛边会使座面的接触不良，考虑到这一点，设计了法兰面。现在已经不用，而且很难制作。

即使是 1~3 型，螺纹侧的倒角也不严格。市场销售的螺母大都符合标准。倒角的大小、有无都各种各样。孔侧的倒角只在大量安装使用时有影响，因此一般对其重视不够。

螺母的种类

▲六角螺母。左起 1 型、2 型、3 型

▲用板材冲压成形的六角螺母，有毛边、表面粗糙

与六角头螺栓相同，必须注意制造方法不同所导致的质量的不同。1 型的螺母有的用冷镦成形，有的用板材冲压成形，有的用冷拔材切削成形，制造方法不同，座面也不同。有时六角形外形的毛边很大，这个毛边会使座面与被联接件的接触面减小，划伤被联接件表面，也是导致螺母松动的原因。

●**六角开槽螺母** = 六角螺母的上面有槽。用钢丝或者开口销穿过螺栓上的孔和螺母上的槽，用来防止螺母松动。

同样，根据 B/b 值分为 2 类，根据形状分为 4 类，根据高度分为厚螺母和薄螺母 2 类。

1 型的外侧上下面和螺纹侧下面倒角，在六角形上直接加工出槽。

2 型的六角形外侧的上下面和螺纹侧下面倒角，槽在上面的突台上加工。

3 型是将 1 型的下面、4 型是将 2 型的下面分别加上了法兰座，并且在总高度上，对应的高差相当于厚螺母和薄螺母的高差。

●**T 形槽螺母** = 嵌入机械上的 T 形槽中使用的螺母。因为是嵌入 T 形槽中使用，所以螺

▲六角开槽螺母，右为1型，左为2型

▲2型的六角开槽螺母，左为厚螺母，右为薄螺母

▲六角盖形螺母，下右为1型，下左为2型

母的宽度与T形槽的基本尺寸相对应。螺纹侧的上下面有倒角，下（底）面靠着T形槽方向的两侧的倒角很大，非常明显。机械强度分为6、8级，与T形槽螺栓相对应。

●六角盖形螺母＝可将螺栓的端部遮盖起来，使用在对机器外观要求高的地方。1类、2类、3类又分别分为1型、2型。1型的外侧的下面不倒角，2型的倒角。1～3类的区别是由于制造方法的不同而导致的（盖形内部的）不同。这些外部看不见的区别对于使用者来说没有什么影响。

●吊环螺母＝与吊环螺钉的作用相同。因此，吊环螺母标准和吊环螺钉标准的设计思想相同。

●蝶形螺母＝与蝶形螺栓的作用相同。用铸铁（FC20）制造的螺纹零件也就只有蝶形螺栓和蝶形螺母。但是，市场上出售的基本上是锻造的。

●方螺母＝算不上标准的机械零件，一般使用在环境杂乱、要求不高的地方。加工精度达不到平均水平，也有黑皮的情况。实际上，可以见到的大都是黑皮的。在热锻件上直接加工出螺纹，一般只能和方头螺栓配合使用。

此外，还有在六角螺母上做出法兰、装入防松弹塑性材料的各种螺母。

还有一种圆螺母，经常使用在轴系零件上。

▲吊环螺母，不如吊环螺钉使用的多

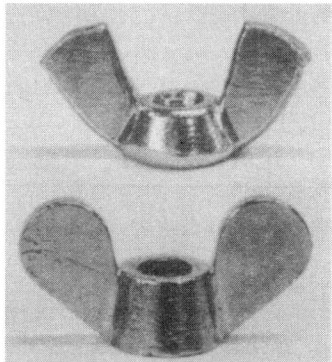

▲蝶形螺母。上为2型，下为1型

▲方螺母，表面为锻造黑皮原样

螺栓的头部形状适宜于用扳手拧紧，螺钉的头部形状适宜于用螺钉旋具（改锥）拧紧。因此，螺钉的基本尺寸仅限于 M1 ~ M8 的小规格。

小螺钉在法语中称为 vis，在英语中称为 screw。

这种小螺钉是用螺钉旋具来拧紧的，因此头部的形状必须和螺钉旋具的形状相对应。在 JIS 标准中，头部有槽的开槽螺钉是过去就有的。后来出现了十字槽螺钉，它是由荷兰的飞利浦公司发明，然后推广到全世界的。当然，也有与之相应的螺钉旋具。

这两类小螺钉，根据其形状分别称为开槽型和十字槽型。开槽螺钉与一字型螺钉旋具相配，十字槽螺钉与十字型螺钉旋具相配。

在这两类小螺钉中，根据头部形状，开槽小螺钉又

小螺钉

分为 8 类；十字槽小螺钉又分为 6 类。但是，在 JIS 中规定，开槽螺钉中的球头型、圆柱头型、球面圆柱头型 3 类和十字槽螺钉中的球头型尽量不要采用。因此，除了目前已经使用的以外，这些种类将逐渐被淘汰。

小螺钉的材料主要为钢、不锈钢、黄铜，机械强度等级分为 4.8、8.8、4T 级。

小螺钉的标记按照种类、

螺钉的基本尺寸 × 公称长度、机械强度等级、材料、指定事项的顺序来标记。

但是与沉头和半沉头螺钉相配合的被联接件上必须有相应的 90° 的沉头孔。

有一种与小螺钉类似的自攻螺钉。普通的螺钉要和螺母配合使用或者需要在被紧固件上加工出内螺纹以便进行紧固。为了省去攻螺纹和使用螺母的时间与费用，可使用自攻螺纹螺钉在被联接件上攻制内螺纹，使其兼有丝锥的功能。

被联接件为钣金制品时，将这种自攻螺纹螺钉拧入底孔中时，会使被联接件发生塑性变形，并加工出内螺纹，同时将被联接件紧固起来。

为使自攻螺钉能够充分发挥作用，就要合理选择其制造材料，并对其硬度、组

▲各种公称直径和长度的小螺钉

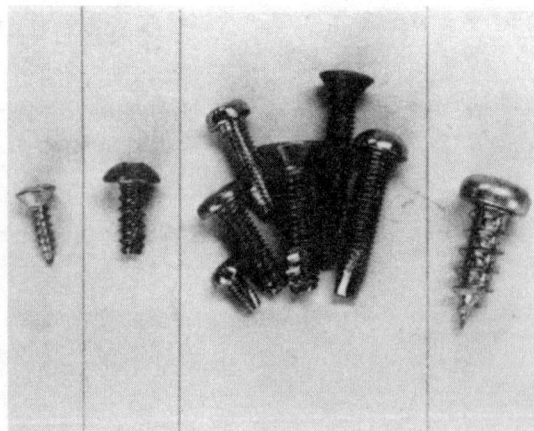

▲自攻螺钉。左起 1 型、2 型、3 型、4 型

织、抗扭强度、头部的韧性……进行规定。

自攻螺纹的头部形状，除了开槽型和十字槽型以外，还有六角型的。依据螺纹中起攻螺纹作用的尖端的形状，分为1～4型。除此以外，六角自攻螺钉中还有与ISO标准中一致的AB型和B型。其中，末端尖形的1型尽量不要用。

自攻螺钉的使用范围除了由其公称直径和长度决定以外，螺距对其有影响。螺距除了3种普通粗牙螺纹以外，还有特殊的。端头制成尖形、带锥度和切口等是为了使攻螺纹更容易。

下面简单介绍小螺钉的制造方法。十字槽螺钉是用冷镦成形，是以非常快的速度大量生产的。目前，开槽螺钉上的一字槽一般采用切削加工制出。因为存在脱模斜度和毛边问题，不适宜冷镦成形。相反，十字槽适宜于冷镦加工，它们无法相比。此外，十字槽型螺钉旋具的中心与十字槽螺钉的中心能自然对中，这种十字槽螺钉非常适宜用电动螺钉旋具来拧紧。在大量使用小螺钉组装的地方，使用十字槽螺钉是绝对有利的。

无论是制造成本还是使用成本，既然采用十字槽小螺钉更合适，将来的发展方向就非常的明确了。

各种各样的小螺钉

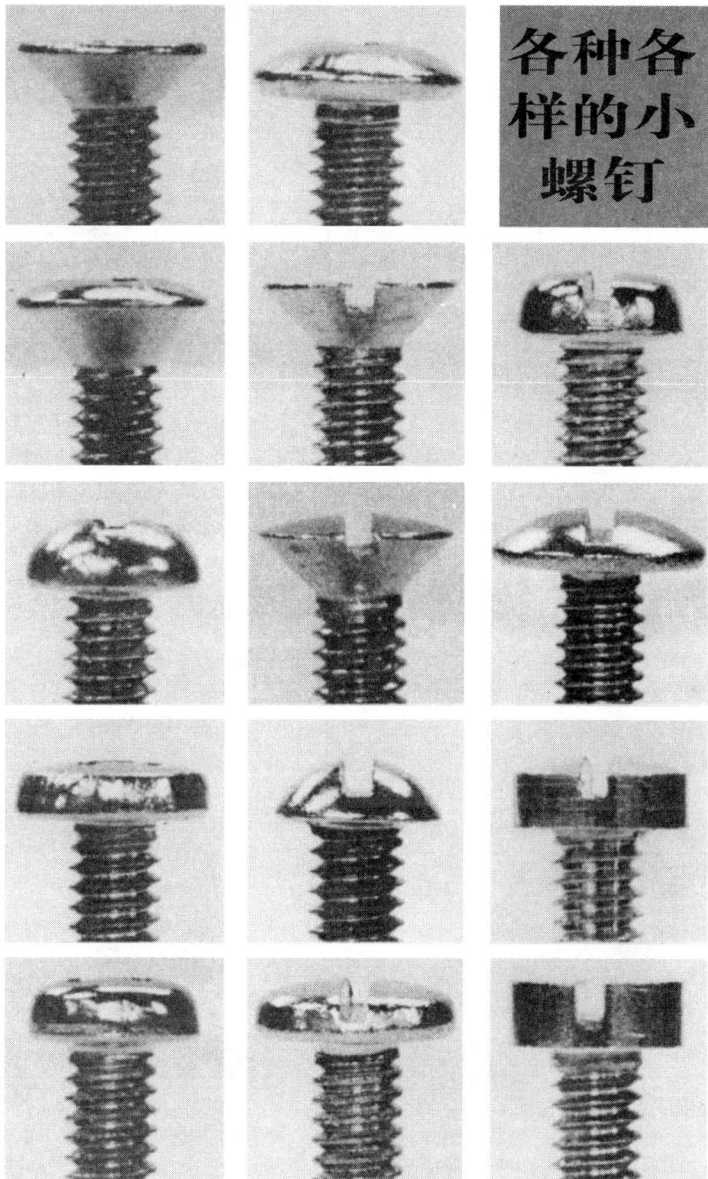

上起，十字槽小螺钉中的沉头型、半沉头型、半圆头型、浅盘头型、盘头型

上起，十字槽的扁圆头型，开槽的沉头型、半沉头型、半圆型、浅盘头型

上起，开槽的盘头型、大扁圆头型、球面圆柱头型、圆柱头型

螺栓、螺钉是通过其头部的下面（底面）来施加联接紧固力的。正如第8页所讲，抗拉强度是它们要满足的最主要条件。

与此对应，本页所讲的紧定螺钉，是用它的前端部顶住被联接件来实现紧定的。抗压强度成为主要条件。

在 JIS 中，有开槽紧定螺钉、方头紧定螺钉、内六角紧定螺钉三种规格。

开槽紧定螺钉就是在螺纹件上加工出一字槽的螺钉，使用一字型螺钉旋具来拧紧。方头紧定螺钉的方头的扳手卡口尺寸与螺钉的公称直径相同，使用扳手来拧紧。在螺纹件上不是加工出一字槽而是加工出内六角孔的螺钉，就是内六角型紧定螺钉，使用内六角扳手拧紧。

紧定螺钉

紧定螺钉的另一端，也就是顶住被联接件的一端，按形状分为平端、球面端、圆柱端、锥端、凹端5种。但是，内六角紧定螺钉没有球面端的，只有4种形式。

从尺寸来看，开槽紧定螺钉的规格限于 M1～M12。因为是用螺钉旋具来拧紧的，不可能有大尺寸的。M12 的内螺纹的内径为 10.106mm，而螺钉旋具头部的最大宽度为 10mm，这就没有干涉问题。

方头紧定螺钉的规格范围为 M4～M12。但没有 M4 和 M5 规格的扳手。总之，因为需要用扳手拧紧，头部会露在外边。

内六角紧定螺钉的规格范围为 M3～M20。与内六角孔的尺寸对应，内六角扳手也有各种规格与其完全对应。

下面，我们来研究一下5种不同端头形状的紧定螺钉在使用上有何不同。

平端和球面端的紧定螺钉没有特别的使用限制，但从紧定的角度来考虑，平端的较好，从制造看它只需对端部进行 45° 倒角，非常简单。内六角紧定螺钉中没有球面端，也许是由于这一原因，紧定螺钉的圆柱端可嵌入另一侧的

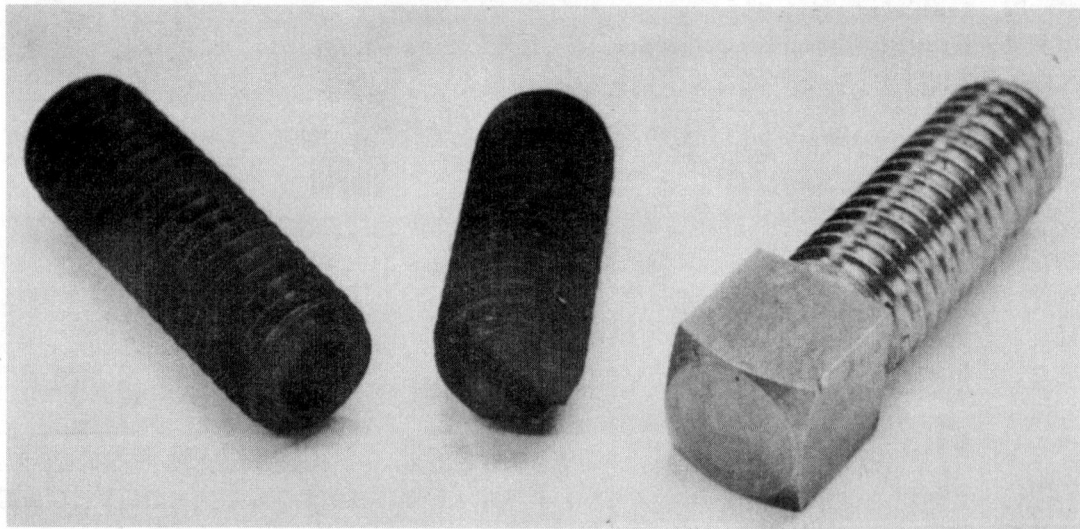

▲左起，内六角紧定螺钉，开槽紧定螺钉，方头紧定螺钉

▲平端

▲球面端

▲锥端

槽中，有时也有用来嵌入另一个零件的孔中的。紧定螺钉的锥端是用来抵住对方零件上的凹坑的，凹端是用来抵住对方零件上的凸起的，从而使之互相嵌合。

此外，内六角紧定螺钉的硬度比其他的要高，为了保证这一点，需要采用高质量的材料制造（SCM3，SNCM6），并且要经过热处理。

▲圆柱端

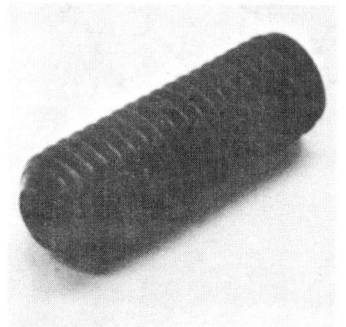

▲凹端

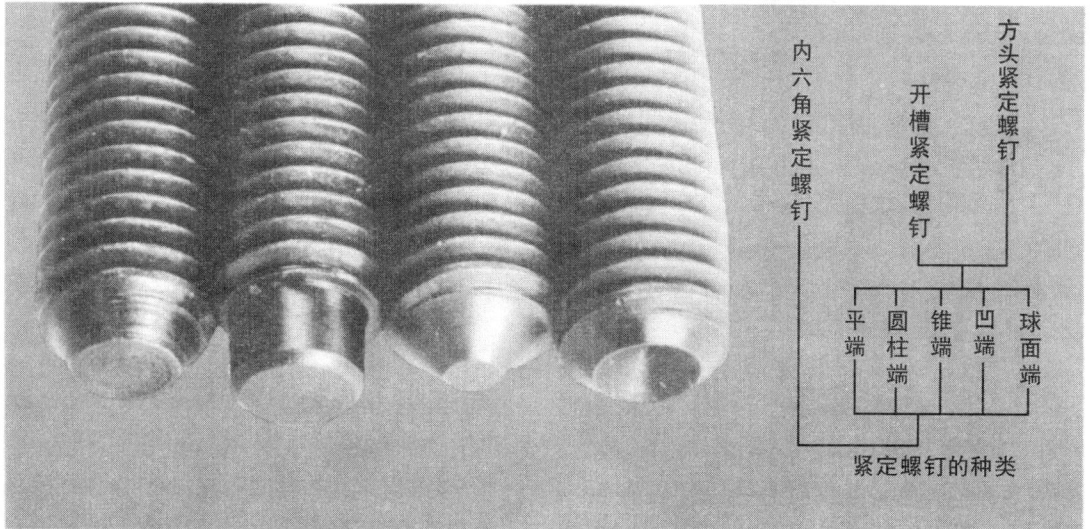

内六角紧定螺钉　开槽紧定螺钉　方头紧定螺钉

平端　圆柱端　锥端　凹端　球面端

紧定螺钉的种类

▲内六角紧定螺钉的4种端部形状。左起：平端，圆柱端，锥端，凹端

19

螺栓通孔与沉头座直径

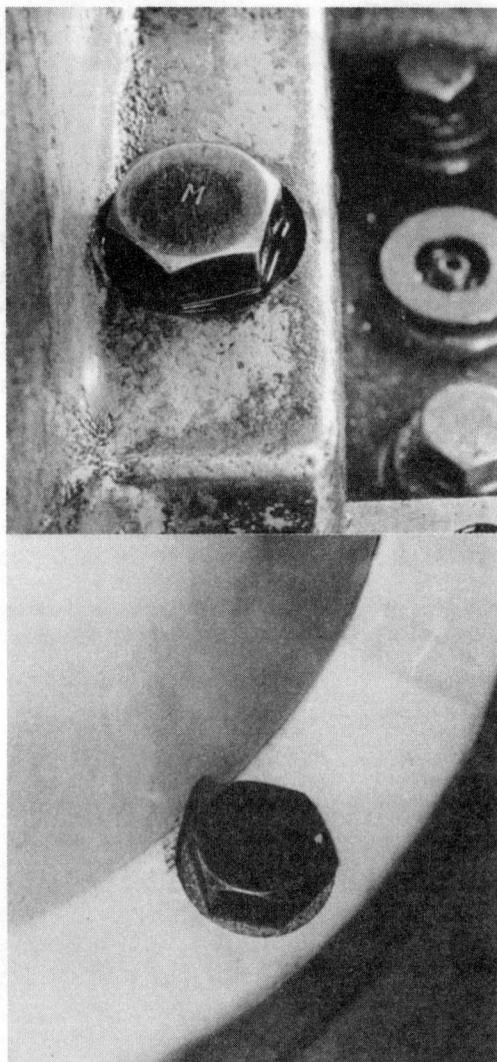

螺栓通孔一般称为"光孔"，一般认为只要螺栓能穿过就行。首先，对螺栓通孔内壁的表面粗糙度没有太高的要求。因为内壁并不直接和螺栓接触，并且也不露在外面。除去极端的情况，螺孔的尺寸只要比螺栓直径大就可以了。可以说，螺栓通孔尺寸与螺栓尺寸太接近了反而会出问题。

在2个以上的零件组装时，用定位销（30页）来定位，螺栓的作用只是联接紧固。如果螺栓通孔与螺栓间没有间隙，当2个零件上的螺栓通孔错位时，螺栓就无法穿过。而且，为避免错孔而将螺栓通孔的位置精度规定过高，从加工费用来考虑也不合适。

不如适当规定螺栓通孔大小和位置精度，最好可以根据划线或冲眼来进行钻孔加工，加工时即使钻头有点摆动或错位也不用担心超差。

但是，螺栓通孔太大了，螺栓头或螺母的座面与被联接件的接触面会太小，紧固会不牢固。对此，JIS也有规定。

在标准中，螺栓通孔直径分为1~4级。4级主要适用于铸造孔，钻床加工的孔为1~3级。因为设计是依据这一标准来进行的，所以也没有必要记那些数字。例如，M10螺栓的螺柱孔直径为10.5mm、11mm、12mm；M16的为17mm、18mm、19mm，就这样从1级到3级顺次增大。

▲2张照片中的零件表面都是铸造表面，因此进行了锪孔。沉头孔直径要大于六角螺栓头对角线的尺寸。图中未使用垫圈

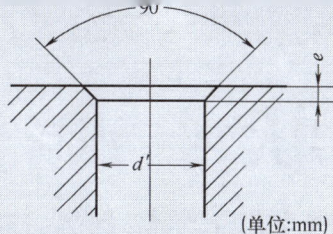
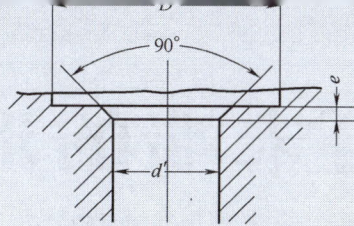

(单位:mm)

螺纹公称直径[1]	螺栓通孔直径d'				倒角 e	沉头座孔直径 D'
	1级	2级	3级	4级[2]		
M 1	1.1	1.2	1.4	—	0.2	3
M 1.2	1.3	1.4	1.6	—	0.2	4
(M 1.4)	1.5	1.6	1.8	—	0.2	4
M 1.6	1.7	1.8	2	—	0.2	5
※M 1.7	1.8	2	2.2	—	0.2	5
M 2	2.2	2.4	2.6	—	0.2	7
(M 2.2)	2.4	2.5	2.7	—	0.2	8
※M 2.3	2.5	2.6	2.8	—	0.2	8
M 2.5	2.7	2.9	3.1	—	0.2	8
※M 2.6	2.8	3	3.2	—	0.2	8
M 3	3.2	3.4	3.6	—	0.2	9
(M 3.5)	3.7	3.9	4.3	—	0.2	10

(单位:mm)

螺纹公称直径[1]	螺栓通孔直径d'				倒角 e	沉头座孔直径 D'
	1级	2级	3级	4级[2]		
M 30	31	1.2	33	36	1.6	6
(M 33)	34	1.4	36	40	2	6
M 36	37	1.6	39	43	2	7
(M 39)	40	1.8	42	46	2	7
M 42	43	2	45	—	2	8
(M 45)	46	2.4	48	—	2	8
M 48	50	2.5	52	—	2	93
(M 52)	54	2.6	56	—	2.5	100
M 56	58	2.9	62	—	2.5	110
(M 60)	62	66	70	—	2.5	115
M 64	66	70	74	—	2.5	122
(M 68)	70	74	78	—		

▲螺栓通孔与沉头座直径尺寸的一部分 (JIS B 1001)

还有，在铸件、锻件、热轧件等黑皮表面处使用螺栓紧固时，必须在其上锪出与螺栓通孔垂直的沉头座面来。因此，在同一标准中也对沉头座孔直径作了规定。

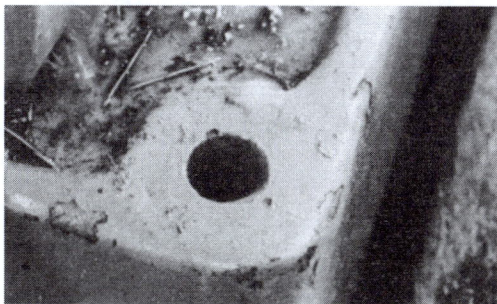

▲在铸铁零件上加工出的 3 级螺栓通孔

以上述 M10、M16 螺栓为例，相应的沉头座孔直径分别为 24mm、35mm。这一尺寸比相应的六角螺栓头的对角尺寸、相同基本尺寸的垫圈（28页）的外径21mm、30mm都大，完全可以放得下。

这是 JIS 中的规定。但是，在使用 1 级螺钉的机床等机器上，螺栓紧固时不使用垫圈。本来，只要拧紧力矩能达到要求，完全可以不使用垫圈。使用垫圈大多是由于习惯思维。因此，像照片上那样，尺寸很大的沉头座孔实际并不采用垫圈。

另外，螺栓通孔根据需要而进行倒角。在锪有沉头座孔的情况下，对锪孔后的螺栓通孔倒角。倒角的大小也在同一标准中作了规定，因为如果倒角过大螺栓头或螺母的接触面会减小。

一般倒角为 45°，也就是两面加起来为 90°。接触面足够大时，标准中也允许 118° 倒角。这时，不必专门准备 90° 倒角用钻头，也可以使用一般的钻头。

螺钉末端的形状

螺钉末端的形状按照标准规定划分为2类，一类的末端具有一定的功能，另一类没有。紧定螺钉（18页）的末端是具有一定功能性的，可以认为其末端具有功能性的螺钉都属紧定螺钉。但是，在JIS中，另外也制定了不同于紧定螺钉的标准。在这一标准中，就连紧定螺钉基本尺寸范围以外的大尺寸螺钉末端尺寸也做了规定，并且除了圆柱端、锥端、凹端以外，增加了半圆柱端的规定，将圆柱端的圆柱部分缩短了。

在末端与其他零件不接触的情况下，可以使用毛面端、平端、球面端3种。平端、球面端与紧定螺钉的相同。所谓毛面端是指在制造过程（搓制）中对其不进行任何加工的末端。

标准件专业厂大量生产的产品姑且不论，一般机械厂加工小批量螺钉时，要涉及确定平端的倒角大小和球面端的半径大小。可不看JIS所规定的具体数字，认为倒角一般为一个螺距左右，末端半径约等于螺钉的公称直径。如果公称直径小，可以取值大于螺纹

▲左起，毛面端，球面端，平端

的螺距或公称直径；相反，对于公称直径大的螺栓，可以取值小于螺纹的螺距或公称直径。末端实际上不工作，所以并没有必要在这一点上过分追究。对于要求准确度高的件，在设计图上是会标注出详细尺寸的。

此外，平端的倒角和球面端的倒圆，在螺栓拧入内螺纹、螺母拧到螺栓上时会起到意想不到的作用。要知道，有倒角或倒圆的螺栓非常好用。这部分螺纹虽然不起联接紧固作用，但也是有存在的原因的。

以M10、M16的螺栓为例来看。

M10…………k1.5　r9
M16…………k2　　r17

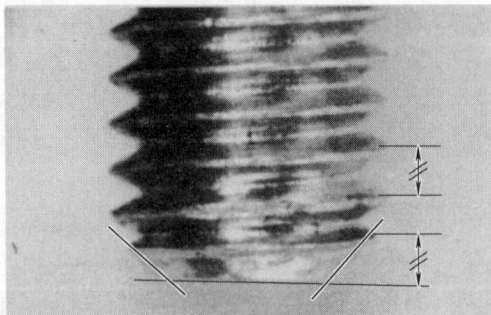

▲平端的倒角大小大致等于一个螺距

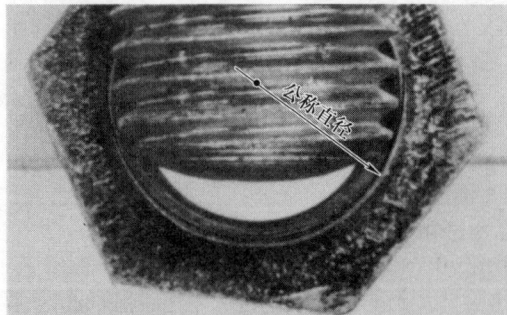

▲球面端的末端半径大致等于螺纹公称直径……

螺栓头部与螺母的扳手尺寸

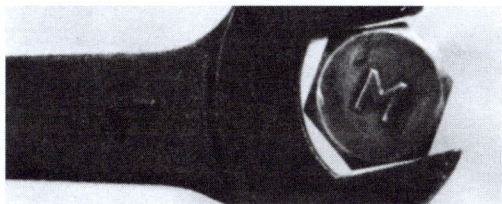

▲扳手尺寸的基本尺寸为 17mm 的螺栓头和扳手间 2 点接触

　　在螺栓、螺母以及其他螺纹零件上卡住扳手的部位，与扳手卡口面平行的两面间的距离称之为"扳手尺寸"。

　　在螺栓、螺母、扳手等的标准中对应于螺纹的基本尺寸，分别对螺栓头和螺母的扳手尺寸做了规定。这里所说的尺寸指的是螺纹零件和与其对应的扳手的扳手尺寸。

　　扳手尺寸在标准中是作为基本尺寸的，对其数值作出限定，并以此作为基准尺寸，分别规定出包容和被包容件的容许公差。

　　根据常识就可以判断出，被包容件为负偏差，包容件为正偏差。还有，被包容件的偏差是以基本尺寸为基准尺寸的，包容件是从大于基准尺寸开始计算的，并且偏差为正。

　　这个说法不容易让人明白，可把螺栓头当成被包容件，扳手当成包容件来考虑就容易让人明白了。螺栓头的尺寸可以正好等于基本尺寸，但是扳手口的尺寸总是比基本尺寸大。但是，内六角螺栓、内六角紧定螺钉、内六角扳手的包容与被包容关系就反过来了，螺栓的内六角孔的偏差为正。

　　此外，被包容件中又分为 1 型和 2 型。所谓 2 型是针对于黑皮零件的，与机械部门没什么关系。

　　以基本尺寸 17mm 的零件为例介绍一下。这是 M10 的（六角头）螺栓和螺母的扳手尺寸。以 17mm 为基准尺寸，被包容件的螺栓、螺母，1 型的偏差为 $_{-0.25}^{\ 0}$ mm，即其尺寸为 16.75～17mm，包容件扳手的尺寸偏差为 $_{+0.1}^{+0.3}$ mm，即其尺寸为 17.1～17.3mm。

　　如果上边的例子换成内六角螺栓和内六角扳手，那么被包容件的扳手的尺寸偏差为 $_{-0.07}^{\ 0}$ mm，即尺寸为 16.93～17mm；包容件的内六角孔的尺寸偏差为 $_{+0.05}^{+0.23}$ mm，即尺寸为 17.05～17.23mm。

　　这说明扳手与螺栓头、螺母的接触必为 2 点接触。

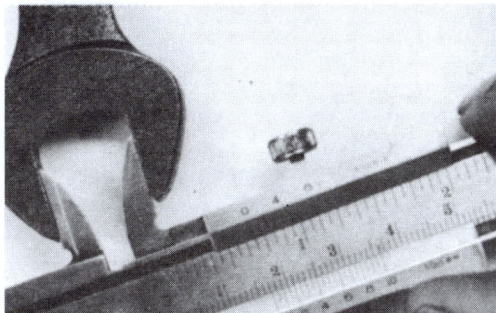

▲扳手尺寸的基本尺寸为 17mm 的扳手，这里量得的尺寸为 17.2mm

▲公称直径为 10mm 的螺母，扳手尺寸的偏差为负，量得的尺寸为 16.8mm

不同的螺纹零件

▲同为 M10 的螺栓，有的刻有 M 字，有的没有。虽都是搓制的螺栓，但其中央的螺栓头上的切削痕迹仍然可见

▲同为 M5 的十字槽螺钉和螺母。左为新 JIS 和 ISO 标准的，右为旧 JIS 的

▲新 JIS 的十字槽螺钉和螺母。左为 M5 的螺母，侧面有ⁱ刻印；右为 M4 的，上表面有·小凹坑

螺纹零件是实际中使用非常方便的零件。不管如何,只要是标准件,规格一致,外螺纹与内螺纹就可以装到一起。

下面,谈一下如何判断规格一致的问题。对于各种各样的螺栓、多种多样的螺母,尽管是完全不同的,但是由于其外观、尺寸都很相似,所以很难区分它们是否是"规格一致"的。

总之,尺寸相近,散放的螺栓(外螺纹)和螺母,仅凭目视很难判断它们是否能配合。最终还是必须将螺栓、螺母组装起来看看。

如果发现组装不进去,那么就很易作出判断,其原因是公称直径不同。若是螺母拧进1~2圈后才发觉装不进去,如此反复试2~3回,发现始终还是无法装入,这是螺距不同的缘故。

在此,介绍一下螺纹的标准。螺纹分为米制螺纹(普通螺纹)和英制螺纹。

米制螺纹用mm来表示螺距。对应于确定的公称直径螺距是确定的。因此,不需另外附加说明,只要说○○mm的螺纹就可以了。但是,这一般是指的粗牙普通螺纹。相对于这种粗牙普通螺纹,在一定的公称直径范围内,还有一种称为细牙的螺纹,螺距较小。公称直径为10mm的粗牙普通螺纹的螺距为1.5mm,而细牙螺纹的为1.25mm。

英制螺纹是用一英寸长度上多少个螺纹牙数来表示的,而且公称直径以英寸为单位,以分数来标记。同样对应于以英寸来表示的公称直径,螺牙数是确定的。而且,在英制螺纹中,有JIS中采用的统一螺纹和很久以前在JIS中已废止的惠氏螺纹。

实际中使用、制造、销售的英制螺纹件是JIS中没有的惠氏螺纹件。统一螺纹和米制螺纹相同,牙型角为60°,而惠氏螺纹的牙型角为55°。

螺栓与螺母是否配合,首先根据大小来判断。可是,相对于公称直径为10mm的米制螺纹,3/8in的英制螺纹的直径约为9.5mm,难以区分。如果想根据螺距来判断,但螺母中的螺纹又看不见。最终只能装一下看看。

为了在一定范围内避免这一麻烦,在搓制螺栓头部的上面刻上M字印记,来表示米制螺纹。

但是,正如12页所示,即使是搓制的螺栓,有的有切削痕迹而没有M印记,切削加工的螺栓也无刻印。所以,这只是一个大概的判断方法。

还有一项,只限于一部分螺纹零件,即公称直径相同螺距不同。但是这里所说的不是粗牙普通螺纹与细牙螺纹的不同。例如M3的螺钉,以前JIS的螺距与ISO标准的螺距不同,现已改定为与ISO标准一致了。旧JIS的螺距为0.6mm,ISO、新JIS中就为0.5mm。现在新旧两种都在使用。

因此,为了进行区别,到1977年11月末为止,在ISO和新JIS的螺纹件头部上打上一个·的小凹坑。M3的螺距为0.5mm,M4的为0.7mm,M5的为0.8mm,这3种就是如此。

当然,这也同样适用于螺母。如照片所示,螺母上打有小凹坑。

螺纹零件与相关工具

使用螺栓、螺母、螺钉等螺纹零件联接紧固时，必须使用相应的工具。在这些工具的使用方面也存在混用等许多问题。

请看照片，这是在 M8 的螺栓上拧上了 3 个螺母，一看就知道是 3 种不同的螺母。

在 JIS 中有普通六角螺栓、螺母和小六角螺栓、螺母，其扳手尺寸正如 12 页、14 页所述，是不同的。当然扳手也必须与零件相对应。不仅如此，多年前在 JIS 修订时，一部分螺栓、螺母的头部尺寸也改小了，也就是扳手尺寸减小了。

▲M8 螺母的扳手尺寸。上起 **14mm**（旧标准），**13mm**（普通），**12mm**（小六角）

计算和实验结果表明，相对于所需的拧紧力矩，螺母尺寸只要修订后的大小就足够了，因此对标准作了改订。虽然如此，但是制造厂的生产设备不会马上更换，用户的认识、习惯也不会马上改过来。

因此，虽然标准已经修订很久了，但是旧标准的零件仍在制造、流通。这张照片就说明了这样的问题。

M8 螺栓、螺母的扳手尺寸，在旧 JIS 中为 14mm，在现行 JIS 中为 13mm，而小六角螺栓、螺母的为 12mm，这 3 种目前都存在。

正在使用的螺纹零件，如果没有与其他零件比较，就无法区别它是普通六角还是小六角的，是新标准的还是旧标准的。

在机器维修时，若是机器表面上露出的螺栓头、螺母大小不一，虽然不影响使用性能，但总是感觉有些不协调。而且，为此还必须额外准备不同规格的扳手，使用扳手时也必须根据尺寸区分使用，带来许多麻烦。

当螺纹零件的公称直径和螺距均相同时，还很容易弄错。

同样问题，对与其他公称直径的螺纹件也是一样的。

还有一个问题是关于十字槽螺钉与十字

槽螺钉旋具的。如果十字槽螺钉和十字槽螺钉旋具是同一规格，就会如照片所示，即使螺钉旋具横放或者垂直向下，螺钉都不会掉下去。开槽螺钉和一字形螺钉旋具就做不到这一点。

十字槽是有斜度的，如能完全吻合就不会掉下去。

此外，小的十字槽，如1号十字槽，大的（2号）螺钉旋具就插不进去。相反，大的十字槽里小螺钉旋具就能进去，并且能多少卡住一点。

再者，如果螺钉的头部形状不同，同样大小的十字槽会看起来很不一样，也就是说，十字槽的大小不好判断。这是螺钉旋具容易用错的主要原因。

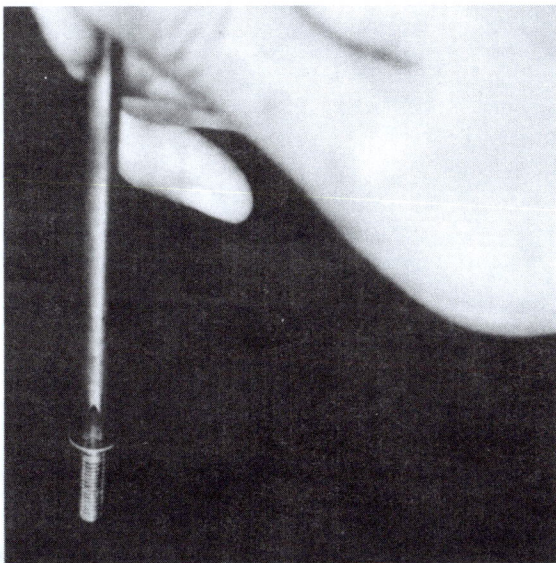

▲十字槽和螺钉旋具的规格相同时，正好吻合，掉不下来

大号的螺钉旋具是进不到小号十字槽中去的，所谓误用是指小号螺钉旋具用于大号的十字槽。锥度号不同，两者不可能完全吻合。并且因为螺钉旋具的硬度大，使螺钉的十字槽损坏后，螺钉旋具就会脱出。

十字槽损坏后就不能用了。

用十字槽螺钉旋具拧紧十字槽螺钉时，首先应该用较大号的螺钉旋具插入看看。总之，除M3的浅盘头形以外，M3～M5的螺钉的十字槽都是2号。

通常使用的小螺钉多为M3～M5，与螺钉相比螺钉旋具大得多，所以首先应该预备2号螺钉旋具。

▲1号螺钉旋具插到2号十字槽中，有很大的间隙

▲像右侧那样，十字槽损坏后就不能用了

垫圈

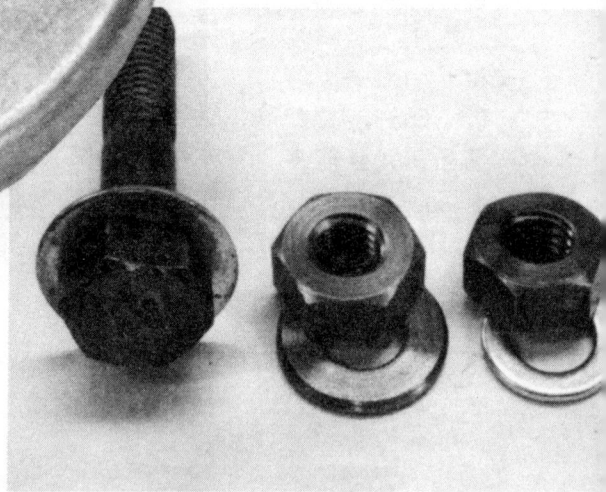

垫圈一般在英语中称为（washer），在螺栓头、螺母、螺钉等与被联接件的表面间使用。

垫圈分为平垫圈和弹簧垫圈（spring washer），它们又分别分为很多种类。

平垫圈是一般的垫圈，在 JIS 中，有小圆垫圈、光制圆垫圈、普通平垫圈、小方垫圈、大方垫圈 5 种。

垫圈必须套在外螺纹件上才能使用。因此，垫圈的公称尺寸与螺纹件是相同的。与 M10 的螺栓配套的垫圈的公称尺寸为 10mm。并且，对应公称尺寸，垫圈的孔径、外径、厚度等都随之确定。

例如，公称尺寸为 10mm 的光制圆垫圈的孔径为 10.5mm，外径为 21mm，厚度为

▲垫圈的公称尺寸与螺栓、螺母的公称尺寸相对应

2mm，各个尺寸都有容许误差。

孔径与 20 页的螺栓通孔直径相对应，小圆垫圈、光制圆垫圈与 1 级的螺栓通孔相同；普通平垫圈、方垫圈与 2 级的螺栓通孔相同。

此外，各种各样的平垫圈所适用的螺纹零件，在 JIS 中有举例说明。可以认为，在机械行业使用的垫圈主要是小圆形和光制圆形的。

但是，平垫圈类零件，虽然有 JIS 中的规定，但是市场上销售的垫圈几乎没有合格的。标准规定的尺寸也只是起个参考作用，实际尺寸并不统一，其质量也是参差不齐的。

普通圆垫圈、方垫圈的材料使用的是黑皮板材。此外，对应的螺栓、螺钉的材料，也使用钢、铜、黄铜、铝等作为垫圈材料。

在 JIS 中，弹簧垫圈包括普通弹簧垫圈、碟形弹簧垫圈、内外锯齿锁紧弹簧垫圈，其形状如照片所示。并且，在标准中的"弹簧作用"项目中，分别对其弹簧作用力的大小作了规定。

锯齿的垫圈本来是用在小件上起弹簧作用的，其尺寸与和其一起配合使用的板材冲压件的紧固螺钉，自攻螺纹螺钉大小差不多。蝶形弹簧垫圈分为一般用的 1 型和与内六角螺栓配合使用，尺寸较小，但具有弹簧作用的 2 型两类。

对于使用垫圈的目的，不是很明确。一种观点倾向于认为是用来增大接触面积，使联接紧固的。但是，紧固力的大小与接触面积的大小没有关系，而在于螺栓的拧紧力矩。无论用多少垫圈，螺栓、螺母的接触面积不可能增加，与紧固没有关系。

但是，弹簧垫圈作为螺栓防松手段，多用在小零件的装配中。关于这一点，按照螺栓专家的意见，防松应是螺栓的问题，垫圈不起作用。因此，垫圈的使用也许是出于习惯思维。

▲ 各种各样的平垫圈

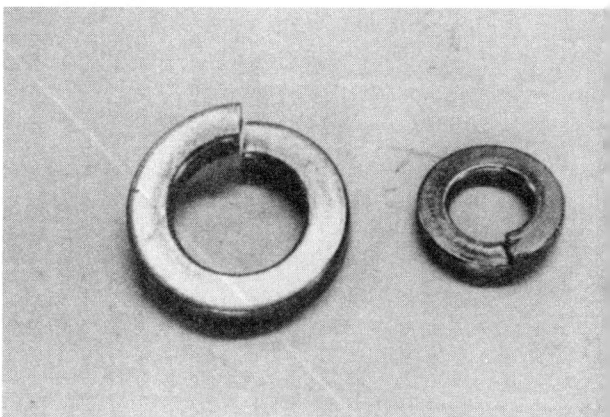

▲ 弹簧垫圈

▲ 内、外锯齿锁紧垫圈

销

销（包括圆柱销和圆锥销）在日语中通称为打入销（knock pin）。打就是拳击中的打倒—KO（knock out）中 knock 的打。销是通过敲打（实际上是轻轻打）将其打入销孔的销钉。

将两个以上的零件组装在一起后，一起钻孔（称为配钻），之后用铰刀铰孔，使孔的尺寸规整，表面光整，然后打入销钉。这就是定位用的销钉。有了定位销，机械分解后再组装时定位就非常方便了。螺栓穿过有间隙的螺栓通孔，只需起到联接紧固的作用就可以了。

销钉分为圆柱销和圆锥销。圆锥销中还有细端（小径）开槽的开尾锥销。

圆柱销直径的容许公差分别为 m6 和 h7 两种，按端部形状又分为 A 型（平端）和 B 型（球面端）两种。公称直径 1~6mm 的表面粗糙

▲车床溜板内部，以箭头所指销钉来定位

度为 3.2S⊖；8mm 以上的表面粗糙度为 6.3S。

圆锥销的锥度为 1/50，锥度公差分为 1 级和 2 级。锥度的公差根据销的长度分别分成 4 挡。

圆锥销以细端（小径）的直径作为公称直径。

开尾锥销的开槽部分扩张开后可以防止销脱落。因此，这种销打入后，开尾端必须从对侧完全露出，最近使用不多。

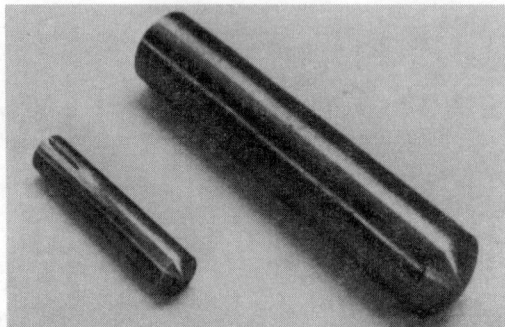
▲锥度为 1/50 的圆锥销，左为开尾圆锥销

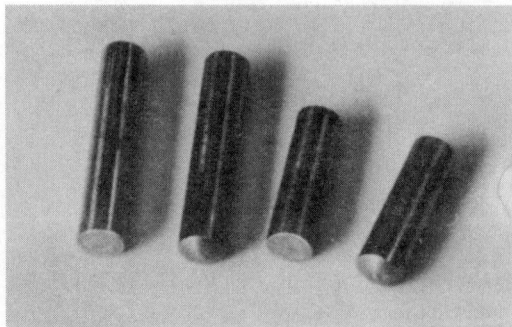
▲圆柱销（圆端和平端）

⊖ 最大高度法（代号 R_{max}），单位为 μm。——译者注

30

弹性圆柱销

▲W 形弹性圆柱销

▲V 形弹性圆柱销

▲螺纹孔旁边是销孔

▲台虎钳螺杆固定用的圆锥销

弹性圆柱销也可算作销钉的一种。圆柱销、圆锥销的销孔，一般都须铰制，要求销钉的表面粗糙度值也较小，当然尺寸要求也严格。

但是，弹性圆柱销的销孔只需钻孔，不必要再铰孔，直接在钻孔中打入销钉使用即可。

因此，在精度要求不高的地方，其使用范围在逐渐扩大。

弹性圆柱销的公称直径几乎和圆柱销的规定相同，现在仅以细端（小径）为准。

实际外径比公称直径大，打入销孔后，压缩到公称直径。利用其弹性作用，在防止销钉脱落的同时，兼具将两个零件固定的作用。

因此，照片上所示为有缝隙的状态，不允许在其缝隙完全闭合的状态下使用，也即使用时两边不能合并。

弹性圆柱销的外径比公称直径大，要将其打入尺寸正好的销孔中，末端需要有倒角。

只在一端倒角的弹性圆柱销为 V 形，两端都倒角的为 W 形，市场上销售的几乎全是 W 形的。

有的销经过发黑处理，有的经过电镀处理。

31

开口销

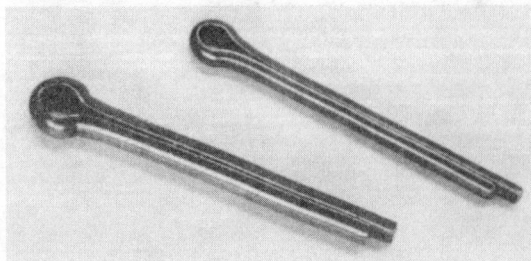

▲平端开口销

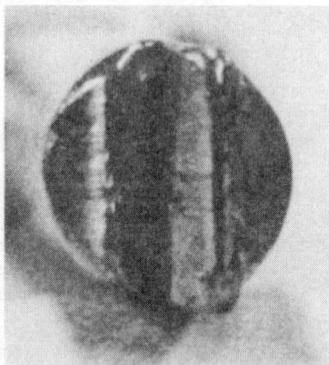

▲尖端开口销

开口销的使用方法很简单，如照片所示，没有必要说明吧。如果不考虑拆下开口销的情况，可将开口端沿着销轴（螺栓）的外周弯曲，一般将两脚掰开即可。

开口销是插入垂直于轴（螺栓）的孔中使用的。因此两脚合起来后的断面形状为圆。

此外，开口销的两脚的长短不等，这是为了便于将两脚向两边分开。

末端的形状有平端、尖端两种。

表示开口销大小的公称直径数值比两脚合起状态时的直径数值稍微大一点。

这是为了方便地把开口销插到孔中去，此公称直径等于钻头的直径。

▲开口销的断面为圆形

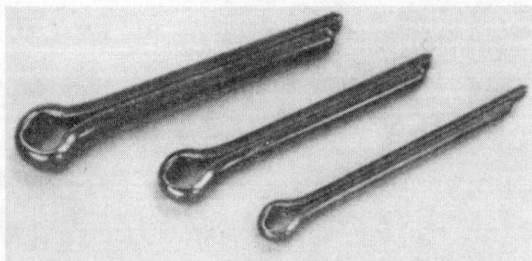

▲在套筒滚子链上的使用示例。考虑到拆卸的需要，两腿只掰开到这样的程度

◀永久固定时可弯曲成这样的程度

铆钉

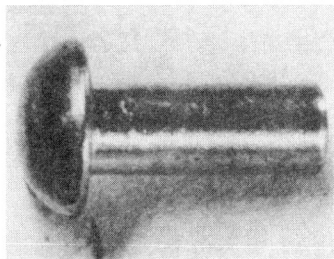

▲球头铜铆钉

▲平头钢铆钉

铆钉的英文为 rivet。作为联接紧固件，铆钉是永久联接用的。随着焊接技术的进步，加之已经能够制造高精度的大型构造型材，现在，即使在土木建筑工地大铆钉也已经几乎不用了。

但是，在小型件、板金材料冲压件的组装中，铆钉的利用多起来了。小铆钉可以认为是没有螺纹的小螺钉，可替代螺钉和螺母，通过将反向侧露出的铆钉部打扁进行铆接。因为铆钉被打扁铆上了，所以不能像螺母那样拆卸下来。要将铆钉拆下来只能是破坏铆钉。

铆钉分为热间锻造的和冷镦的 2 种。

锻造的铆钉是大铆钉，虽然现在几乎不用了，但是过去的制品现在还可以见到。老式的铁道车辆、大型机械上可以见到；锅炉、水箱等设备上也可以见到；在机械工厂的厂房的柱子、梁等构件上可能也可见到。

现在，相反地，铆钉多用在小件、钣金制品上。这些小铆钉正是由于其小，全部用冷镦的方法制造。

制造方法是将线、棒卷材切短的同时，将另一端墩制出铆钉头。

小铆钉除了大小不同以外，使用方法与大铆钉是完全相同的。因为小铆钉小，有的情况下使用起来比小螺钉、螺母及自攻螺钉方便。

铆钉头的形状有球形、扁平形、盘形 3 种。其公称直径、长度的标准和小螺钉相同。对应于被联接件材料，铆钉的制造材料分别有钢、纯铜、黄铜、铝等。

▲昭和 2 年（1927 年）竣工的东京隅田川的永久性大桥，看起来几乎是满身铆钉

防松装置

联接紧固件，顾名思义，是联接紧固用的零件。因此，要是联接紧固件松脱，那就麻烦了。特别是在振动大的机器上，防松问题是一直以来都在研究的课题，并且已为此创造出多种多样的防松方法。

弹簧垫圈用在螺栓、螺母与被联接件表面之间，使它们之间保持一定压力以防止螺母松动。根据螺纹专家的研究，弹簧垫圈的防松效果是有疑问的。虽然如此，可能也有心理上的原因吧，弹簧垫圈的使用很普遍，并一直在使用着。后来又出现了螺母、垫圈做成一体的零件，并且也在 JIS 中标准化了。

锯齿的垫圈主要和小螺钉大小差不多的紧固件配合使用。拧紧以后，使齿卡住被联接件表面，以此来防松。这种锯齿垫圈与螺栓、螺母分别做成一体的紧固件可以在市场购得。

在螺栓、螺母上打孔，然后穿过铁丝来防松是一直以来都在用的方法。开口销就是将铁丝标准化后的产物。但是，在螺栓、螺母拧紧并装配钻孔

左：先将弹簧垫圈组装好，以节省联接紧固拧紧时间

右：在自攻螺钉的螺纹部分加工出大导程切口螺纹，利用 2 个不同的导程来防止松动

左：组配上弹簧垫圈的螺母

中：螺纹末端附加有 3 个舌，拧到螺栓上后，使之压下抵住螺牙以防止松动

右：此为方头螺母，属于木工用的。四角上的凸起和环形凸起压入木材中以防松动

后，就属于永久联接了。因为换了别的螺母，不能保证与配钻好的孔正好配合上。还有，使用开口销时，无法保证开口销孔正好开在螺母表面上。与开槽螺母的配合使用也有同样的情况。归根到底，这种方法所能起到的作用就是即使螺母松动了也不会脱落。

双螺母、锁紧螺母防松也是很早就一直采用的措施。重叠使用相同的螺母两个。但这并不是说，不论在什么情况下，只要把两个螺母拧紧就可以了。起紧固作用的只是上侧的螺母，下侧的螺母是用来使上下螺母间反方向相互顶紧用的。

使用双螺母时，应该哪个螺母比较厚，这个问题曾经作为一个课题研究过。对应的图也可以见到，这个问题是没有什么意义的。并没有一个令人信服的理由，要有意地使两个螺母厚度不一样。

最近经常采用化学方法防松。简单地说就是用粘结剂防松。在家用电器等机械上，自攻螺纹螺钉常用涂上粘结剂的方法防松。

在标准的机械上，有时也有将螺栓、螺母螺纹部分涂上粘结剂，使之作为永久联接。但是，这从外部是看不见的。这些粘结剂的商品名为"螺栓防松粘结剂"，在市场上都可买到。

▲双螺母防松的示例

▲在振动频繁的火车底盘上，使用开槽螺母和开口销防松

▲录像机的内部。此处使用的螺钉上涂有防松粘结剂

扁　销

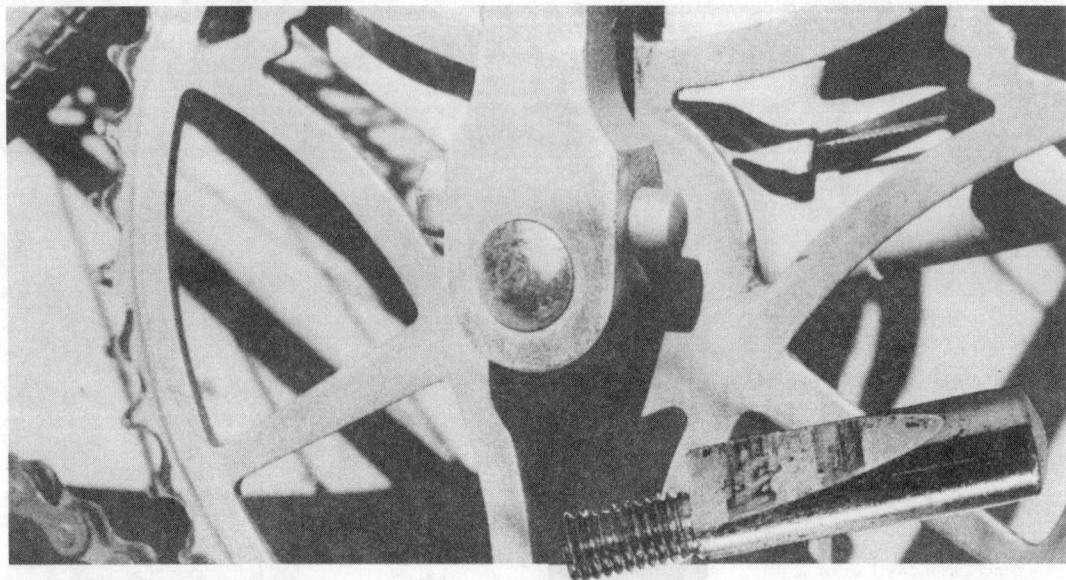

▲使用在自行车曲拐上的扁销

　　扁销的英文为 cotter。英日词典的译文为"将轴和轮毂联接起来的平楔"。虽然这里说到"将轴和轮毂联接"，但是这个轴并不回转，只是用来传递轴向力的轴，也就是起推或拉作用的轴。因此，为了提高轴向抗剪能力，才将其做成扁平形状的。

　　为了使扁销拔出和插入容易，才将其做成带锥度或说斜度的。为了防止脱落，也有将其和销、螺栓配合使用的情况。

　　可能就是由于技能考试的试题中出现过这样的题目的原因，很多书上的说明大体上都如图所示。虽然名叫扁销，实际形状却多为圆柱销形。从加工制作考虑，当然做成圆形更方便。

　　此外，有很多扁销实际上不受力，只是起防止拔出脱落作用。自行车的中轴与曲拐的联接就是一个例子，这种例子随处可见，所用扁销带有斜度，为防止脱落，与螺钉配合使用。

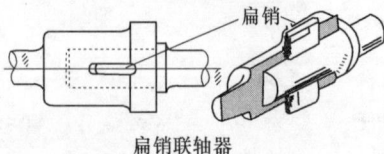

扁销联轴器

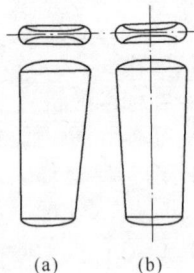

(a)　　(b)

▲日本技能鉴定考试中的题目，在试题解答中附加有这样的图。实际上这样的扁销是不存在的。轴和接头的加工都很困难。

●轴·轴头·花键·三角花键·联轴器·键·挡圈

轴

类零件

▲中央的大齿轮轴是不回转的

无论什么样的机械一定都有轴类零件。但是，轴的种类多种多样。它们的共同点是，以轴为中心，其他零件绕其回转，或者是轴自身回转。回转方式也是多种多样：有的回转角度不超过一周；有的回转角度为 $1° \sim \infty$；有的慢速回转；有的以非常高的速度回转；有的受力很大；有的受力小到几乎可以忽略。

轴的英语为 shaft 或 spindle。这两个词的区别似乎不大，专家们也说，什么地方用哪个词大都依习惯来定。在日本工厂，一般多用 shaft 的音译来表示轴，spindle 的音译大概也就只用来表示机床主轴。

轴的外观形状也是多种多样，有粗的、细的、长的、短的……，既有 50 万吨的油轮螺旋桨轴那样的轴，也有手表中轴径 1mm 以下的轴。

轴自身不转，只是其他零件绕着轴回转的例子很少。最常见例子是车床左端从主轴箱获得动力的交换齿轮轴，轴的

回转速度不快、也不用特殊轴承不转的轴大多用在类似的场合。

在机械中，要将动力从动力源传递出去，最方便的是通过轴来传递。85 页以后的传动零件都是使用转轴的。正是因为回转轴多用来传递动力，所以它通常受多种力。但是，可以认为回转轴受的力主要有弯曲力和扭转力。轴的受力情况根据机器构造的不同而变化。当然，设计轴时，要考虑受力大小和分布情况来确定直径、材质等。

此外，回转轴一般在 2 个以上的位置装有轴承，关于轴承的介绍可参考 59 页后面的内容。在轴上套装轴承的部分，英语称为 journal，俗称轴头。此外，为了传递动力，轴上加工有安装固定带轮、齿轮等用的键槽、花键、螺纹、销孔。

▲车床主轴

▲水力发电动机的轴

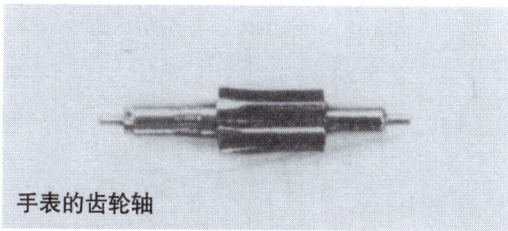
手表的齿轮轴

▼火力发电动机用的汽轮机轴

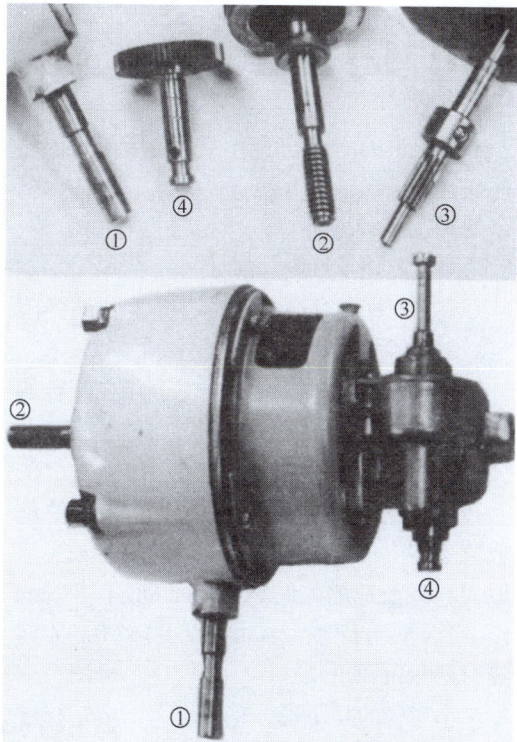

　　这是电风扇的头部电动机部位的照片。虽然是一个小部件，但是仅仅在这里就有4根轴。拆下来看一下吧。①为摇头轴，回转得最慢，回转角度也不超过一周，因为是摇头用，所以表面加工精度最粗糙，配合要求不高，一般松松的。重量由上面的轴肩来支撑。②为电机转轴，它高速、连续、长时间转动，因此加工面光整。③为通过蜗杆、蜗轮减速，并将轴向转动变为上下方向运动，从②取得摇头动力的轴，转速降至原来的几十分之一。如果不摇头，套在③轴上的蜗轮只是空转，属于中速、连续转动的轴。④为再经一级齿轮减速的轴，所以是低速、连续的回转轴。这4根轴直径相同。

轴的直径

这里讲的所谓轴的直径，是指与其他零件配合的圆形轴部分的直径，除了和轴承配合的轴头直径之外，还包括与齿轮、带轮、手轮以及其他零件配合部分的直径。

在 JIS 中，对这些直径进行了归纳、限定，制定了相关的标准。

对轴的直径进行限定，使得与之配合的孔类零件的孔径与之相适应，这给设计、加工方面，带来一些便利。标准所规定的直径范围为 4~630mm。小直径范围中的整数值基本上都包括在标准中了。随着轴径的增大，逐渐地增大间隔：2mm 间隔（12mm 以上），5mm 间隔（50mm 以上），10mm 间隔（100mm 以上）。

小直径的且不说，直径越大，规定标准数值的效果也越大。其中，基于第 150 页的标准数的带有小数的数值、对应于 70 页的滚动轴承标准的数值都包含在数值中了。

轴的直径确定了，相应的孔的直径当然也就确定了，孔要与轴配合。滚动轴承（见 64 页）、带轮（见 94 页、100 页）的直径当然也是与轴相配的。

这个标准制定的时间还不是很久，可能还有很多不合标准的零件。

但是，不管这些标准数值如何，作为机械工人，有必要知道有这样一个标准。今后的设计将会采用这些标准数的。

轴的直径（JIS B 0901）			（单位：mm）	
4	10	40	100	400
			(105)	
	11	42	110	420
				440
4.5	*11.2	45	*112	450
	12		120	460
		48		480
5	*12.5	50	125	500
			130	530
		55		
*5.6	14	56	140	560
	(15)		150	
6	16	60	160	600
	(17)		170	
*6.3	18	63	180	630
	19		190	
	20		200	
	22	65	220	
7		70		
*7.1	*22.4	71	*224	
	24	75	240	
8	25	80	250	
		85	260	
9	28	90	280	
	30	95	300	
	*31.5		*315	
	32		320	
			340	
	35			
	*35.5		*355	
			360	
	38		380	

标 * 为从标准数选出的数，（ ）内的数值适用于与滚动轴承配合的轴。

▲铣床上装有手轮的铣刀进给轴

轴的中心高

　　轴的中心高度在 JIS 中也有规定。这里所说的轴是指的机械的输入、输出轴，不包括机械内部的其他轴。

　　这里所说的中心高是指机械的安装面到轴心的距离。在一定范围内限定轴中心高的标准值，这样便于机器间的联接。此外，与一般三相感应电动机（142 页）的轴心高相匹配的数值（Ⅲ系列中的 132）也包含在标准系列中了。

　　在标准中，轴的中心高的范围为 25～1600mm，分为 Ⅰ～Ⅳ 个系列。推荐优先从 Ⅰ 系列选取，顺次取 Ⅱ、Ⅲ系列。Ⅳ系列包括在国际标准（ISO）中。

　　以这些轴的中心高为基准尺寸，对应的轴中心高公差、轴的平行度（160 页）在标准中都做了规定。这些标准确定后，在需要将电动机与其他机械直接联接时，只需用 46 页所示的刚性联轴器就够了，也非常方便。

　　这一标准刚制定（1976 年）。轴中心高也在向标准化方向发展，读者也有必要知道这一点。

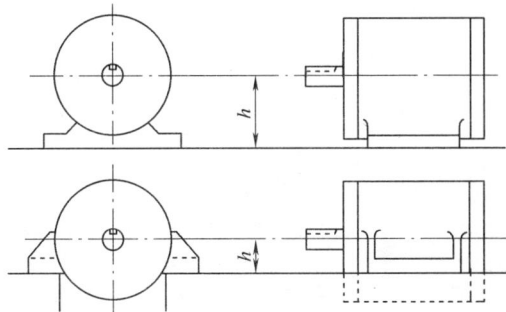

▲机械安装面到输入、输出轴中心的高度 *h* 的规定

轴的中心高（JIS B 0902）（单位：mm）

系列				系列				系列			
Ⅰ	Ⅱ	Ⅲ	Ⅳ	Ⅰ	Ⅱ	Ⅲ	Ⅳ	Ⅰ	Ⅱ	Ⅲ	Ⅳ
25	25	25	25	100	100	100	100	400	400	400	400
			26				106				425
		28	28			112	112			450	450
			30				118				475
	32	32	32		125	125	125		500	500	500
			34			132	132				530
		36	36			140	140			560	560
			38				150				600
40	40	40	40	160	160	160	160	630	630	630	630
			42				170				670
		45	45			180	180			710	710
			48				190				750
	50	50	50		200	200	200		800	800	800
			53				212				850
		56	56			225	225			900	900
			60				236				950
63	63	63	63	250	250	250	250	1000	1000	1000	1000
			67				265				1060
		71	71			280	280			1120	1120
			75				300				1180
	80	80	80		315	315	315		1250	1250	1250
			85				335				1320
		90	90			355	355			1400	1400
			95				375				1500
注：Ⅳ系列供参考（ISO 标准）								1600	1600	1600	1600

▲轴的中心高度相互一致便于联接

轴头

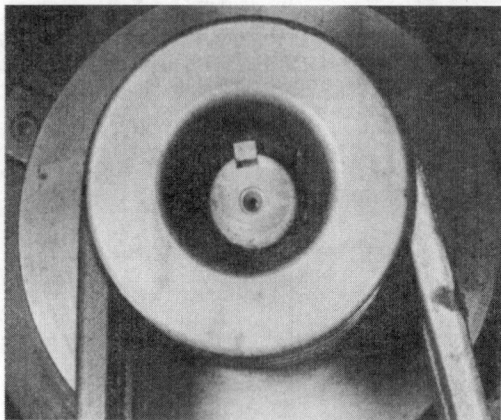

▲轴头上安装带轮或齿轮

转轴即传递动力用的轴，对其轴头的形状和尺寸，JIS 也做了规定。

如果不考虑传递动力，轴头是不重要的。但是，原动机大都是通过传动带（96页）、带轮（98页）或者齿轮（88页）传递动力的。当需要在轴上安装齿轮或带轮时，一般将其安装在轴的支撑轴承的外侧轴头上更方便。

轴至少需要在 2 点用轴承进行支撑。如果将带轮或者齿轮装在轴的中央部，那么装拆带轮或齿轮时，必须将轴上的轴承也拆下，非常不便。此外，带轮要是装在轴的中央部，就无法将 V 形带（96 页）装上。如果将带轮装在轴承外侧，可能的话装在轴头上，那么安装、拆卸就容易多了。

因此，将传递动力用转轴的轴头的形状、尺寸进行标准化，使其与带轮、齿轮上的轴孔相匹配，无论从设计角度还是从零件标准化的角度来看，都是很有必要的。

轴头有圆柱形和圆锥形两种。圆锥轴头

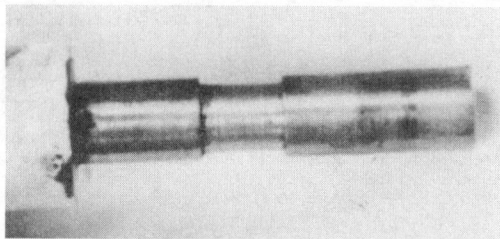

▲无轴肩圆柱轴头

▲机械上的轴头大都是有轴肩的圆柱轴头。左侧为用盘形铣刀加工的键槽，右侧为用指形铣刀加工的键槽

42

轴头直径 d	轴头长度 l		直径 d 公差*	参考（端面倒角）C	普通平键与楔键（参考）					轴
	短轴头	长轴头			键槽		键的公称尺寸	l_1		
					b_1	t_1	$b \times h$	短轴头用	长轴头用	
35	58	80	+0.018 +0.002	1	10	5.0	10×8	50	70	
38	58	80	k6 +0.018 +0.002	1	10	5.0	10×8	50	70	3
40	82	110	+0.018 +0.002	1	12	5.0	12×8	70	90	3
42	82	110	+0.018 +0.002	1	12	5.0	12×8	70	90	40
45	82	110	k6 +0.018 +0.002	1	14	5.5	14×9	70	90	42
48	82	110	+0.018 +0.002	1	14	5.5	14×9	70	90	45
50	82	110	+0.018		14	5.5	14×9	70	90	

▲圆柱轴头的 JIS（B 0903）的一部分，其中也规定了相应的键槽尺寸

就是带有锥度的轴头，在 JIS 中规定其锥度为 1/10。

圆柱轴头又分为无轴肩和带轴肩的。依据轴头的直径，分别对各种轴头长度做了规定，轴头带有键槽时，键槽的宽度、深度、长度及与键槽对应的键的基本尺寸相应的也做了规定。

轴头直径的公差带原则上按规定选取 j6、k6、m6，考虑到与孔的配合关系，也有 g6、h6、k7……几种。

圆锥轴头又分长的和短的。有的用螺钉（沉头、半沉头）将与其配合的零件固定住，有的用螺母固定。此外，轴上带键槽时，对应的有普通平键槽与楔键槽、半圆形键槽

▲轴头上有时也会装上滚动轴承

（57 页），它们的尺寸也都是标准的。

圆锥轴头是以大端的直径作为公称直径的。

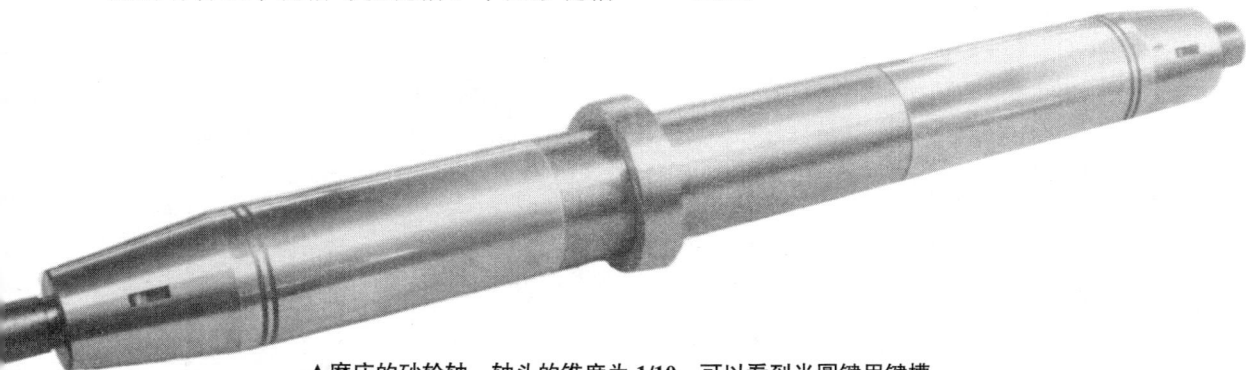

▲磨床的砂轮轴，轴头的锥度为 1/10，可以看到半圆键用键槽

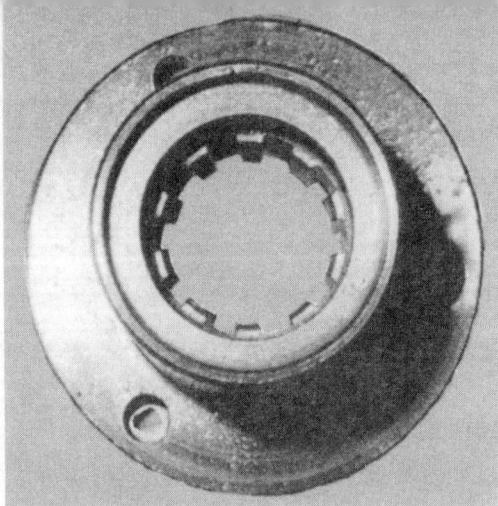

▲矩形花键 I 型

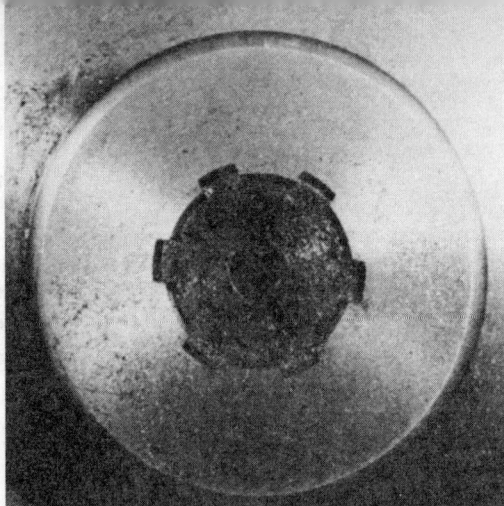

▲矩形花键 II 型

花键与

花键在英语中称为 spline，从广义上说，也属于键（54 页）的一种。但是，在机械行业或者在 JIS 中，所谓花键主要指用于轴和轴孔的联结，在轴和孔的表面的周向加工出的相互配合的凸起和凹槽。从一个角度来看，可以说花键是在轴的圆周上均匀分布着的键，在轴孔的圆周上分布着对应的键槽。

花键分为矩形花键和渐开线花键。

矩形花键相当于键的部分两侧面是平行的，与键相同。它又分为轻载荷用的 I 型和中等载荷用的 II 型两种形式。矩形花键以轴的直径，即小径为公称直径，大径为键（JIS 中称为齿）的外径。在公称直径（小径）相同的条件下，I 型的大径小，II 型的大径大。

即使公称直径相同，如果齿数（JIS 中称为"槽数"）多，齿宽就小。并且，对应于公称直径，无论 I 型还是 II 型，直径与槽数的

组合在一定范围内是规定好的。花键是由轴和孔配合而成的，对于孔来说，大径和小径的规定正好与轴的相反。

矩形花键一般用于传递机械的动力，轴和孔的配合以轴的小径为中心定位，根据孔形零件是固定在轴上，还是在轴上滑动，规

▲车床主轴箱中用于变速齿轮滑动的矩形花键

44

▲汽车用渐开花键

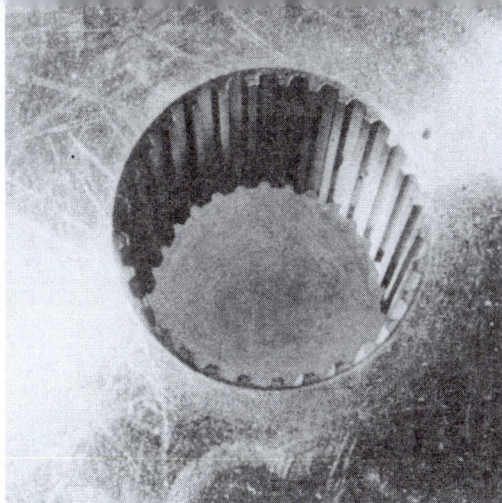

▲渐开线形三角花键

三角花键

定了几种不同的配合。圆表面全周分布着键的花键的轴和孔的配合精度，比仅有一个键的要求高（54页）。在加工机床上，要使齿轮能在轴上滑动换挡，必定要用这种花键。

渐开线花键，广泛地应用于汽车上，因此在JIS中也称为汽车用花键。它的齿侧面为渐开线，齿数（这在JIS中也称为齿数）比矩形的多。可认为渐开线花键是齿形相同的外齿轮和内齿轮的配合。

还有一种三角花键，它的英文为serration，本意指齿状物本身。在机械行业，三角花键一般指在轴的外表面一周加工出高低不平的槽和齿的零件。在JIS中，有渐开线三角花键标准。渐开线花键的压力角为20°，而渐开线三角花键的压力角为45°，因而齿高也较小。

渐开线三角花键通常的使用方法是，将硬化后的轴压入到孔中使之联结在一起。

载荷不大的情况下，这样使用是可以的。这时，所用的三角花键一般都带有斜度。

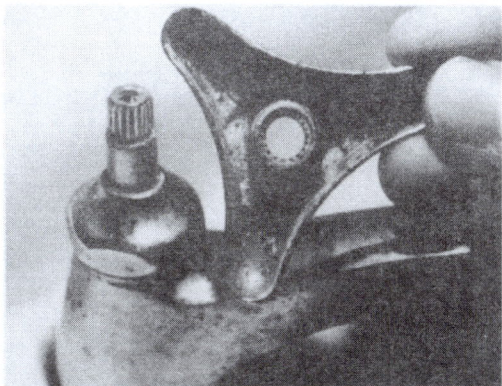

▲水龙头把手与阀芯轴联结用的三角花键

固定式刚性联轴器

将原动机（或驱动侧）的转轴与被驱动侧的轴联接起来的零件称为联轴器（coupling）。在联轴器中，当两轴同心时，用来将两轴联接成一整体的联轴器称为固定式刚性联轴器。

简单的固定式刚性联轴器有很多种，如有很多用键、销钉、扁销等自制的零件将轴联接起来的实例。市场上销售的联轴器常见的有套筒联轴器和凸缘联轴器。套筒联轴器是将两个轴头插入到套筒中，用键将轴和套筒固定的联轴器。如果套筒是整体的，为了将联轴器拆下，最小也得多留出联轴器长度一半的空间，但键的装入和拆下也是不便的。

为此，将套筒纵向一剖为二，将其一半和轴、键配合后，再将其另一半合上，紧固联接成一体。这样，装卸都不需要多余的空间了。将剖分式套筒联轴器联接到一起的方法有两种：一种将联轴器在外表面做出锥度，套上环来紧固，称为紧箍夹壳联轴器（紧箍环压紧）；另一种用螺栓紧固，称为夹壳联轴器（螺栓压紧）。

这些套筒形联轴器还没有统一的正式名称。有时所说的套筒形联轴器仅指不可剖分式的，有时也称为圆筒形、袖筒形联轴器。袖筒（muff）如左图所示，生活中人可将两手插入其中来防寒。在欧洲以前用的很多，现在不怎么用了。这种联轴器多在小轴径、小功率的情况下使用。

剖分式的套筒联轴器有时不用键联接，仅靠紧固力产生的摩擦力来工作。当然，用于小功率的场合。这些套筒联轴器的优点是外径较小。

凸缘联轴器一般由专门工厂制造，在市场上有成品销售，JIS 对其规格作了规定。这种联轴器是将两个法兰分别套装在两侧的轴头上，再用螺栓把两

▲因为与防寒的袖筒相似，所以套筒联轴器也称为袖筒形联轴器

个法兰联接起来，法兰和轴是用键（54 页）联接的。

联轴器是用来在相互联接的轴间传递转矩的，键用于联接轴和联轴器。在套筒形联轴器中，可以把一根键嵌入两轴上的键槽中用；凸缘联轴器采用这种结构，装拆不便，因此将键分开，每轴一个。因此，凸缘联轴器传递的转矩是由将法兰联接起来的螺栓来承受的。这里所用的螺栓和螺栓孔不同于 20 页的螺栓和螺栓孔，其配合为 H7/h7。螺栓为铰制孔用螺栓，并且使用

弹簧垫防松。

凸缘刚性联轴器的基本尺寸为外径×轴孔径。对应于某一外径的轴孔有几种，在此范围内选定了轴孔直径，相应的其他各个尺寸也都由标准规格确定。制造材料一般为 FC20、SC42、SF45、S25C，即根据联轴器的用途特点选择铸造件、锻造件、型材做为制造材料就可以了。

此外，联轴器上应有对中用的标记，端面圆跳动 0.03mm，径向圆跳动 0.05mm，为了安全，联轴器外周应带保护环。

套筒（袖筒形）刚性联轴器

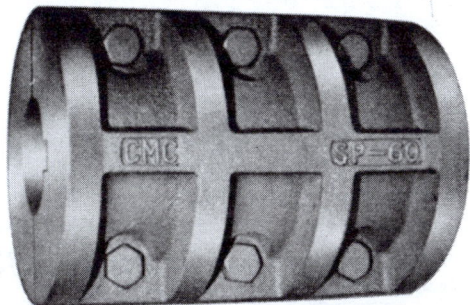

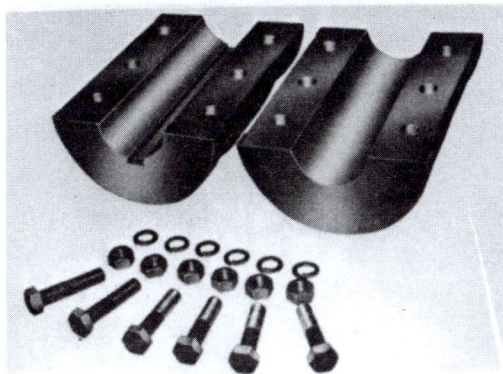

凸缘刚性联轴器

挠性联轴器

要使两轴完全同心，即使有共同的基准面、安装面，也是很困难的。与其费事调整两轴的同心，不如采用可挠曲的联轴器，使其能允许两轴在一定范围内的不同心、弯曲。这样的联轴器称为挠性联轴器。

因为挠性联轴器不论是从机械设计角度还是从加工安装角度来看，都是合理、方便的，所以这类联轴器有多种。

● 凸缘弹性联轴器

在同种形式的刚性联轴器的一侧凸缘的螺栓孔中嵌入橡胶弹性体的联轴器。这种联轴器在 JIS 中标准化了。

● 齿式联轴器

这种联轴器外筒内侧的内齿轮与内筒外周上的外齿轮相啮合，通过将外齿轮的齿顶修圆使得两轴在一定范围内可以偏斜。两侧

弹性套柱销联轴器

螺母
垫圈
弹簧垫圈
本体
套（橡胶）
螺栓

齿式联轴器

的外筒上带有法兰，因其驱动侧和从动侧是由止口配合定心、通过螺栓联接到一起的，所以这种联轴器允许的偏斜是由内外齿啮合部的结构决定的。

JIS 规定，外筒和内筒的两轴允许倾斜1.5°。外筒、内筒有多种形式，JIS 中规定了 5 种形式。

●滚子联轴器

将齿式联轴器的内齿轮换成 2 列套筒滚子链，利用链条与链轮间的间隙来吸收两轴偏斜量的联轴器。在 JIS 中规定了 15 种。

●橡胶联轴器$^{\ominus}$

在两轴之间置入橡胶弹性体，以此来吸收两轴间的偏斜量的联轴器。弹性柱销联轴器虽然在 JIS 中另外一个标准做了规定，也可以认为是橡胶联轴器的一种。

根据中间置入的橡胶的形状，这种联轴器有多种形式。

●其他

虽然在 JIS 中无此规格，也有使用非橡胶弹性体的联轴器。此外，还有几种利用金属作为弹性元件的联轴器。

套筒滚子链联轴器

橡胶联轴器（鞍形块、轮胎、梅花形弹性联轴器）

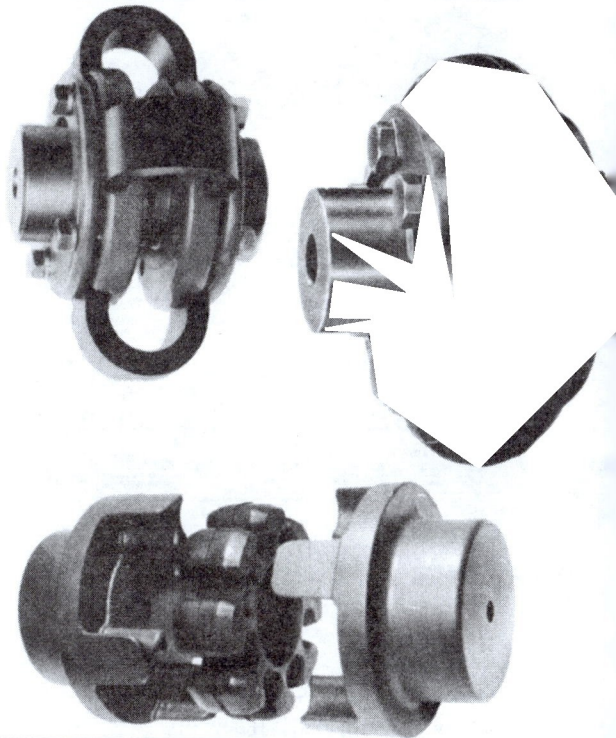

$\ominus$ 也叫非金属弹性联轴器。——译者注

49

万向联轴器

万向联轴器与挠性联轴器（48页）的区别并不严格，当两轴的偏斜角度较大时使用的联轴器称为万向联轴器。

在万向联轴器中，十字轴式万向联轴器是最常见的。可以说一般提到万向联轴器就是指十字轴式万向联轴器。它是两轴端部成叉形，用夹在中间的十字轴将两个轴叉联接起来的联轴器。在轴叉中间的十字轴可以自由回转。这种联轴器允许两轴最大偏斜40°。

但是这种联轴器存在从动轴的转动不等速的缺点。因此，为了克服这个缺点，在两轴中间再加上一根两端为万向节的轴，这样就可以使不等速相互抵消，成为等速传动。此时三根轴必须在同一平面上。

说是万向联轴器，实际上使用时两轴的偏斜角最好不大于15°。但是，在手动或者非常低速运动的情况下使用时，允许的最大偏斜达40°。

这种十字轴联轴器中的十字轴可以用运动功能相同的其他零件来代替，如用球铰来代替。

在JIS中，对球铰式万向联轴器作了规定，有A、AA、B、BB 4种形式。AA、BB型可以理解为刚才讲的带有中间轴的联轴器。A型用于低转矩、高转速；B型用于高转矩、低转速。这种球铰式的联轴器，以叉和球铰间的"面"来承受转矩。因此，比十字轴形承受转矩的能力大。一般机械上使用的万向节轴多为这种形式，多轴钻床（高转矩、低

B型

A型

AA型

BB型

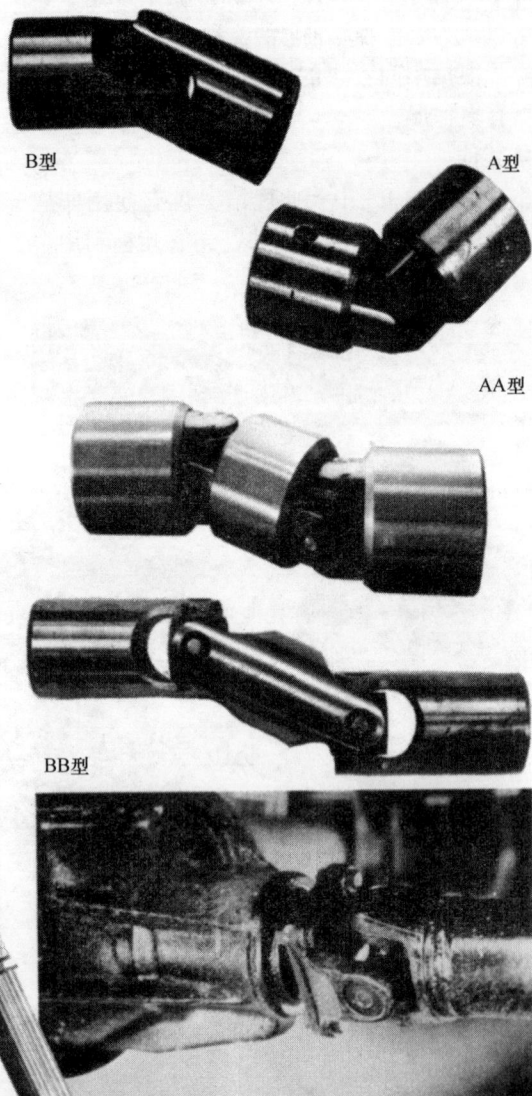

▲汽车驱动轴上的万向联轴器
◀钻床上用于钻斜孔的万向联轴器附件

转速型）等就是代表。

汽车上的驱动万向节轴是十字轴式联轴器应用的一个很好的例子。它联接变速箱和差动器，中间是一根长轴。

十字轴式万向联轴器非匀速传动的现象

下面说明一下十字轴式万向联轴器的从动轴非匀速转动的现象。在大学教科书中，用复杂的公式对于这种现象产生的原因、不匀速变化的现象进行了说明，这里只对现象进行说明。

实验装置为在公称直径为 8（轴径 8mm）的 JIS 十字轴式万向节轴的两轴孔中各插入一根彩色铅笔（直径 8mm），使其轴心偏斜 30°，铅笔的另一端插入到转笔刀中支撑起来。如照片所示，在万向接头的两端面各贴上一张八边形纸片。

请注意前后两张纸上标有 1~8 数字的线的相对位置。每半转，即每转 2 次从动轴重复着——快、等速、慢——的变化。

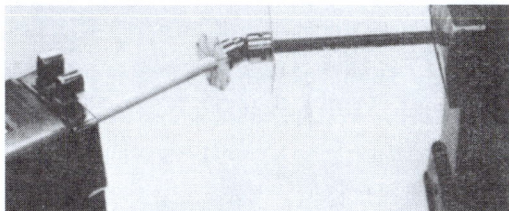

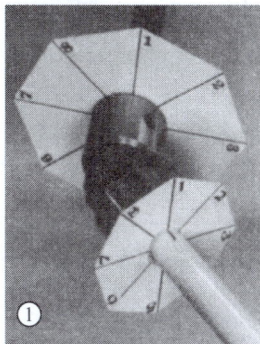

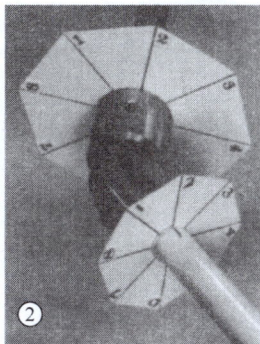

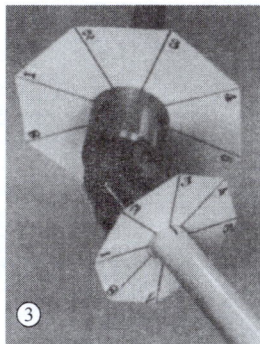

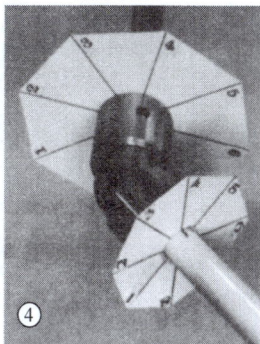

① ② ③ ④

大、小 2 张八边形纸片上的 1—1 垂线是平行的。但是转动开始后，大的八边形纸（从动轴）的 2—2、3—3

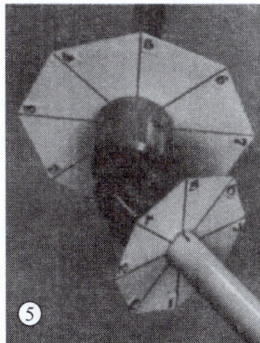

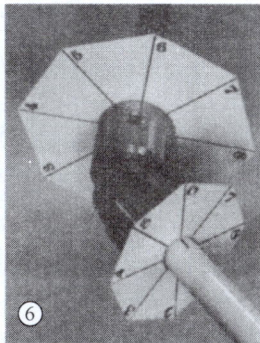

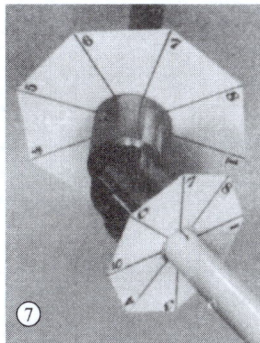

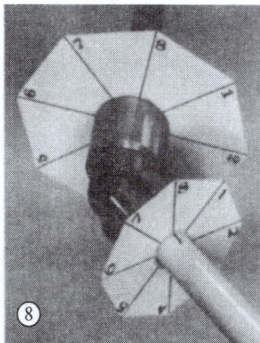

⑤ ⑥ ⑦ ⑧

落后了，转到 4—4 位置时，落后的一方追赶上了一些，转过 180°后两者的 5—5 线又处在相互平行的垂直位置。继续转动经过 6—6 至 8—8 回到原来 1—1 互相平行的位置。

十字滑块联轴器

有一种联轴器称为十字滑块联轴器。这种联轴器不同于别的联轴器，它不是将两端的轴直接联接起来，传递运动时，在轴向上两端零件处于分离的状态。

如照片所示，它是由 3 个零件构成的，两侧的零件分别装在两侧的轴上。因此，也可以将两端的零件分别与轴做成一体的，这样这种联轴器就只有一个零件了。

如照片所示，在中间嵌入中间体，这个中间件的两表面上带有互相垂直的像键一样的凸起。因此，在两端零件或者轴头的端面上要有可与中间体凸起配合的槽。中间体上的凸起嵌入到两侧零件上的槽中，其自身也被固定住了。因为中间体上的凸起在两侧相互垂直的位置上分别与槽嵌合在一起，所以即使不固定，它也不会从横向脱落出来。

这种联轴器从广意上说也属于挠性联轴器，但是使用条件是两轴线平行但可不在一条轴线上。虽说允许轴线不一致，但不一致的范围不能太大，并且只能用于低速回转的情况。

在此状态下，随着主动轴的回转，十字滑块按一定的规律运动，将运动传递给从动轴。

为什么这样的机构能够传递回转运动呢？秘密在于中间的十字滑块的运动方式。从理论上讲，它是机构学上讲的连杆机构的一种变形，在机构学的教材里一定有此部分内容。但是从刚才讲的使用条件来看，完全可用 48 页讲的弹性联轴器代替它使用。因此，实际上这种联轴器很少用。但是不可理解的是，在日本技能考试的理论考题中，有与之相关的内容。此外，当转速不高，需要允许两轴不同心时，不用特殊的措施，只在中间加入一个简单的十字滑块就可以解决问题。其最大的优点是价格低。

如图所示，AA' 为驱动轴上的槽，中心在 O_1；BB' 为不同心的从动轴上的槽，中心为 O_2。并且，因为 AO_1A' 垂直于 BO_2B'，所以嵌入到它们中间的十字滑块的中心应位于 AO_1A' 和 BO_2B' 的交点 O_3。这样，就形成一个直角三角形 $\triangle O_1O_3O_2$。请回想一下在学校学过的几何。因为"直角三角形的斜边是它的外接圆的直径"，所以 O_3 应始终位于以 O_1O_2 为直径的圆周上。

由以上可知，十字滑块联轴器中间的十字滑块的中心在以两轴偏心距为直径的圆上作圆形运动。这是中间十字块的运动。

照片显示了用十字滑块联轴器模型所做的实验。请将中间十字滑块的运动与图比较一下。为了看得清楚，两轴的偏心距取得比较大。但是照片是从斜前上方照的，2 轴也不像图片上那样在同一水平面上，而是在上下方向也有偏心。因此，中间的十字滑块的位置与图中的多少有点不同。

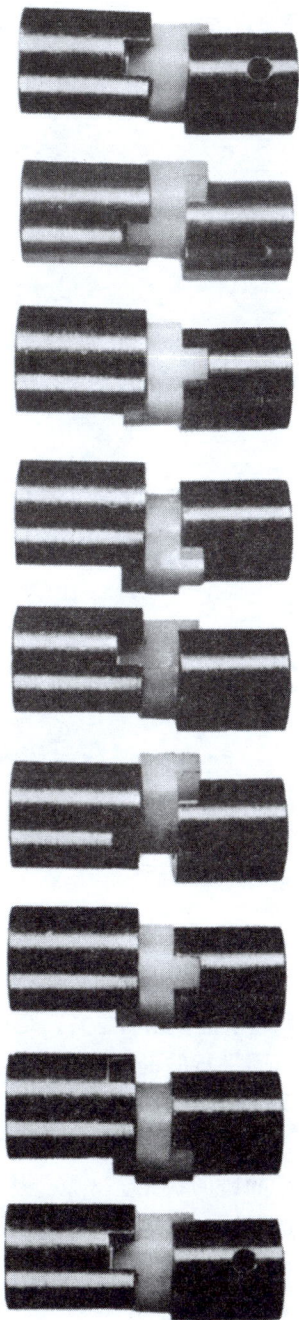

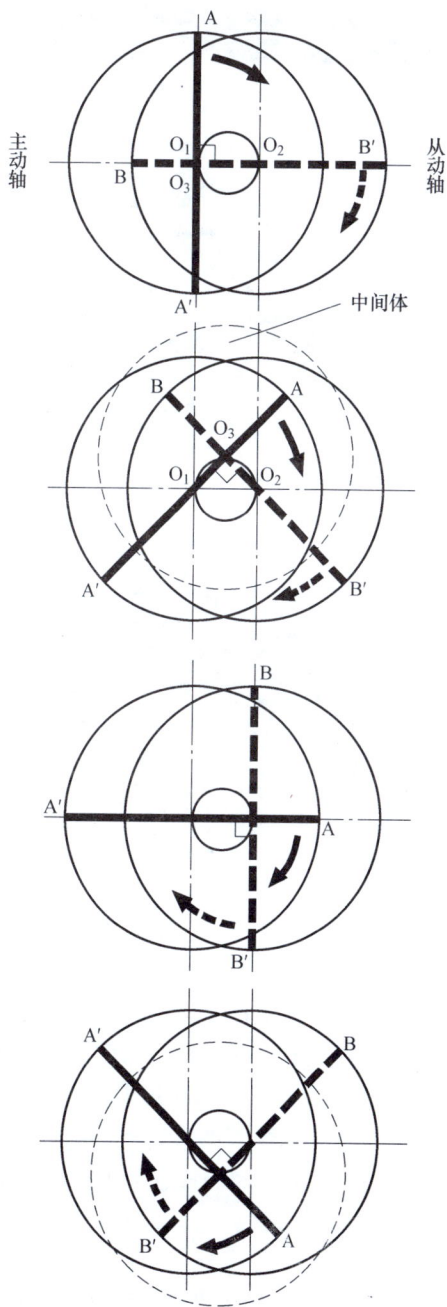

① 0°

② 45°

③ 90°

④ 135°

⑤ 180°

⑥ 225°

⑦ 270°

⑧ 315°

⑨ 360°

主动轴

从动轴

中间体

53

普通平键与楔键

▲B 型普通平键（两头平）

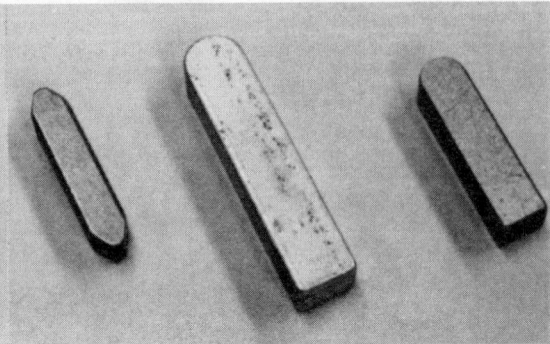

▲C 型普通平键（右和中，一头圆，一头平）与两头尖的普通平键

▲A 型普通平键（两头圆）

▲钩头楔键

　　通常使用键来联结轴和与轴配合的用来传递动力的零件（例如带轮、齿轮）。键的英文为 key，它还有钥匙的意思，但是，本页所讲的不是钥匙。英语中的键（key）指硬而长的东西，可以说内六角螺栓的六棱扳手是一种键，钻夹头的爪也是一种键。

　　在 JIS 中，键分成三种类：沉入形键⊖、导向键、半圆键。

　　沉入形键的横断面为矩形，又分为普通平键、楔键、钩头楔键 3 种。

　　普通平键，顾名思义，是指截面为矩形，上下两面平行的键。两端一般为平头，也有一头圆、两头圆、一头尖、两头尖的。从轴头开始用指形铣刀加工出的键槽与一头圆、一头平的键形状完全一致；从距轴头某一距离的点开始，用指形铣刀加工出的键槽与两

　　⊖　JIS 与 GB 标准不同，JIS 中的沉入型键包括我国国标的普通平键和楔键。——译者注

头圆的键形状完全一致。一头尖或两头尖的键可以认为与圆头键近似，但是这样的键制造方法更加简便。

即使键槽与键的两端形状相一致，两端部分也起不了键的作用。所以采用成形（制作）简单的平头键就可以了。

键槽是在轴和孔对应位置加工出的，其中轴上加工得深些。安装时，先将键嵌入轴上的键槽中，然后再将与轴配合的孔类零件装上，所以孔侧的键槽底（组装时为上侧）与键之间要有间隙。

这样，如果普通平键的两侧面与键槽不能很好地配合，它就不能正常工作。键与键槽的侧面间若有间隙，每当起动、停止、反转时，键与键槽的角部就会受到冲击，两个零件的联接处就会产生哐当哐当的噪声。

考虑到这一点，针对键和键槽的宽度制定了标准。实际组装时，键与轴上键槽的配合松紧程度必须达到轻轻敲打即能使键进入键槽。键的上下表面的表面粗糙度为▽25S⊖，侧面为▽▽▽6.3S。

楔键的斜度为1/100，利用其斜度的斜楔作用，将轴与带孔零件联接到一起。因此，要将键从键槽的端部打入，所以也称为打入键。为了便于将打入的键拔出，制成一种端头带钩的键。正因为如此，钩头键的头部露出在轴端外。

因为楔键上下面（斜面与底面）为工作面，所以与普通平键相反，上下面的表面粗糙度为▽▽▽6.3S，两侧面为▽▽25S。在键与键槽的侧面，也是可以有间隙的，所以普通平键的轴上的键槽宽为负公差，而楔键的键槽宽为正公差。

▲用指形铣刀加工出的键槽与圆头键（A型）形状一致

▲从轴端面开始用指形铣刀加工出的键槽与一头圆形键（C型）形状相配

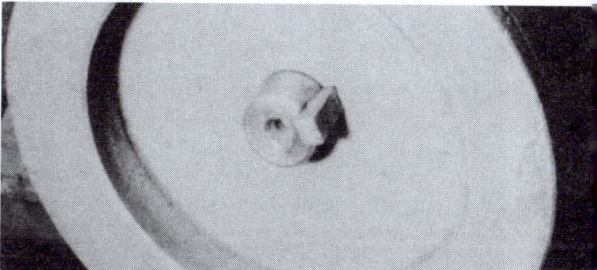

▲楔键在轴端处露出，孔侧键槽与键间无间隙

▲普通平键的上下面表面粗糙度（上）为▽▽25S，侧面（下）▽▽▽为6.3S。

⊖ 为JIS（日本工业标准）中的规定，详细内容可参考本套丛书中的《机械图样解读》分册。——译者注

55

导向平键

▲导向平键是用螺钉固定在轴上的。因为其是普通平键，故在孔侧键槽处有间隙

导向平键是装在轴上的带孔零件在轴上沿轴向滑动时用的键，横断面为矩形，端头形状与普通平键相同。导向键必须是平行平键，否则，带孔零件无法滑动。

导向平键要起到其作用，其长度必须足够长。当键长为键宽的 4 倍以上时，为了防止键从轴上的键槽脱出，用螺钉将其固定在轴上。紧定螺钉的数目也随着键长度的增长而增多。对于需要 2 个以上固定螺钉的键，

为了将键从键槽中取出，键上要设有起出螺纹孔。将长度大于键高的起出螺钉拧入螺钉孔，推压键槽底部，从而取出键。

正因为导向平键是带孔零件滑动时用的，轴与孔上的键槽的公差都是正的。

普通平键、导向平键的公称尺寸的标记：宽×长；楔键的标记：大头的高度×长；钩头楔键的标记为键进入到孔侧键槽中的最大高度。

半圆键

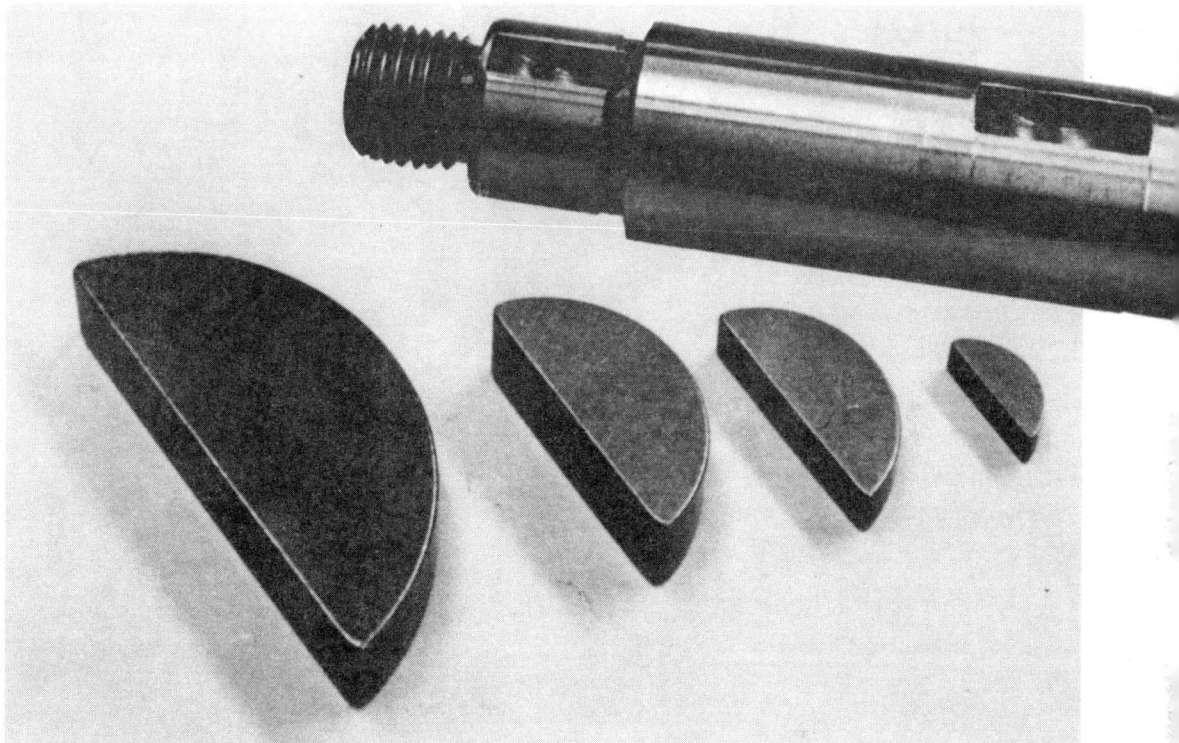

▲A 型半圆键和在轴头以及轴中部加工出的半圆形键槽

半圆键能承受的载荷比沉入式键的载荷更低。虽然名为半圆形，实际上键的形状比半圆形要小。

半圆键有 A 型与 B 型两种，B 型的圆顶处缺少一点。A 型通过切削加工制造，B 型通过冲压制造。

半圆键的特征不只是承受载荷低和形状特别这两点，由于其特殊形状，它的使用方式和嵌入方式也有特点。

半圆键多用于锥形轴头。将半圆键倾斜地放入锥形轴头的键槽中，然后将其对准带孔零件上的键槽后推入，半圆键在键槽中回转一下，自然地（自动地）放置到正确位置。

拆卸时，因为是锥形轴，所以只要将紧固螺母拆下，就可方便地将孔形零件拔下，而键仍留在轴上，安装、拆卸都是非常容易的。

挡圈

▼滚动轴承装在轴上，轴承的内圈用轴用挡圈挡住防止脱落。另一方面，套装在轴承外圈上的链轮孔中嵌有孔用挡圈

挡圈通称止动环，有C形、E形、C形同心、别针形4种。C形和C形同心又分为轴用的和孔用的。

使用C形时需要轴上或孔内有开槽，安装时，将轴用的扩开，孔用的压小，然后将其嵌入到轴上或孔内的槽中，之后在自身的弹性力作用下恢复原样，可防止其中的零件脱落，起到紧固的作用。

C形挡圈装、拆时有专用工具。此外，对这种挡圈

槽，只要挡圈能进入即可，要求并没有那么严格。

E形为轴用的。横向推动E字，就可装入，反推就可拆下。

这些挡圈，分别以与之配合的轴的直径、孔的直径作为基本尺寸。公称尺寸20mm的挡圈是指 ϕ 20mm的轴或 ϕ 20mm的孔用的挡圈。

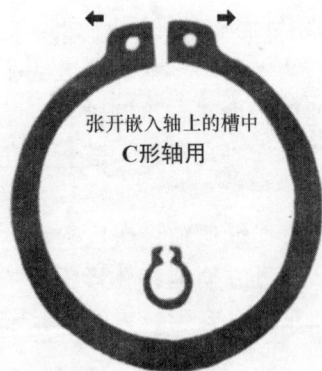

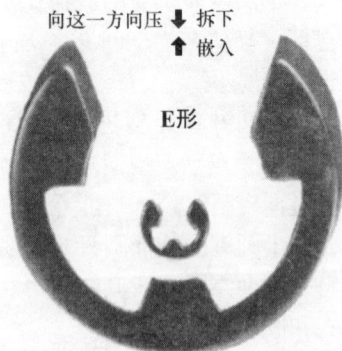

张开嵌入轴上的槽中
C形轴用

压小后嵌入孔内的槽中
C形孔用

向这一方向压 ↓ 拆下
↑ 嵌入
E形

轴承

承必须能够承受这些向心载荷。

另外，进给时的轴向力，虽然比径向载荷小得多，但也是加在主轴上的。轴向载荷可用既能承受径向载荷、又能承受轴向载荷的轴承来承担，也可用只能承受轴向载荷的推力轴承来单独承担。船舶的推进轴主要承受轴向载荷，径向载荷只有轴本身的重量。当然，两种载荷兼有的情况也有。

轴承的另一个分类方法是基于轴承形式的，一般分为滑动轴承和滚动轴承。

滑动轴承大多是用青铜来制造的，用平滑的圆柱面支撑轴颈。

支撑转轴的零件称为轴承，这里讲的支撑不仅仅要支撑住轴，还必须使轴在被支撑住的同时也能够灵活地转动。

此外，轴要承受多种载荷，从轴的形状看，有垂直于轴线的径向载荷，平行于轴线的轴向载荷。故轴承还必须能够承受加于其上的载荷。

根据轴承的承载特点，分为向心轴承和推力轴承。车床的主轴要承受主切削力、径向进给力，还有卡盘及被切削材料的重力——这些径向载荷作用于主轴前端。因此，前端的轴

▲船的螺旋桨轴所受的载荷几乎全部是轴向载荷

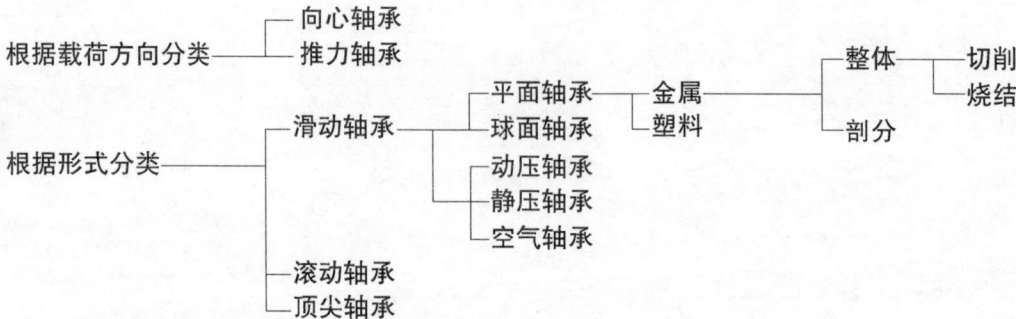

```
轴承 ┬ 根据载荷方向分类 ┬ 向心轴承
     │                 └ 推力轴承
     │
     └ 根据形式分类 ┬ 滑动轴承 ┬ 平面轴承 ┬ 金属 ┬ 整体 ┬ 切削
                   │          │ 球面轴承   塑料 │      └ 烧结
                   │          │                 └ 剖分
                   │          ├ 动压轴承
                   │          ├ 静压轴承
                   │          └ 空气轴承
                   │
                   ├ 滚动轴承
                   └ 顶尖轴承
```

滚动轴承是在轴的周围用球或滚子来支撑的轴承。滚动摩擦的阻力比滑动摩擦要小得多，所以现在多用滚动轴承。

轴承的英文为 bearing。球轴承为 ball bearing，滚子球轴承为 roller bearing，滚针轴承为 needle bearing，它们都是滚动轴承。滑动轴承为 plane bearing。

轴承的分类如下表所示。其中，滑动轴承部分的分类似乎有些问题。动压轴承、静压轴承、空气轴承等是在轴承中用压力油或空气使轴浮起的轴承。正因为如此，能否称为滑动轴承还是有些疑问的。但是，在教科书中，基本上都类在滑动轴承部分介绍，这是因为滑动轴承中润滑油的楔形油膜是在滑动轴承中有意地使其形成的，或者是因为通入空气使轴浮起是从滑动轴承发展来的。

滑动轴承除了用金属制造以外，还有很多用塑料制的小型滑动轴承（尺寸、载荷）。除了滑动轴承外，其他轴承都可以认为是用金属制的。

金属制造的滑动轴承又分为整体式的和剖分式的。对于整体式的轴承，因为必须将轴插入其中，所以一般尺寸都小。剖分式的轴承便于装配，多作为大型设备、内燃机曲轴的轴承，如果不是剖分式的就无法装配。

古代木制水车上的轴承

请看一个特殊的装置。照片上的木制的零件来自古代舂米工厂中做动力的木制水车，包括将舂头抬起来用的轴和轴承部分。轴为一个 12 棱柱，用卯榫将包在轴的 12 个面上的"包板"固定住。"包板"的下面为平面，与轴上的 12 平面相接触；"包板"上面是圆弧形的，12 个"包板"的上表面组成一个圆柱面。在这 12 片"包板"之间的间隙里填上用菜籽油浸过的米糠，这就构成了轴。这个轴是由木块来支撑的。这样就制成了一个装有含油轴的自润滑轴承。

滑动轴承

滑动轴承的英语为 plane bearing。从机械刚发明的时代开始，它就存在了。仅在机械主体上加工出支撑轴的孔而制成的轴承就是最简单的滑动轴承。在没有太多的精度要求，轻载、低转速的情况下轴一般都用这样的轴承。这样的轴承也不带特别的润滑装置，只用轴肩、螺栓、螺母等来进行轴向定位，防止轴的轴向移动就可以。

对于承载力大、转动精度要求高的轴，要使用由轴承合金制造的滑动轴承。这时需将轴瓦嵌入到机械主体上的孔中，必须认真考虑轴瓦表面的表面粗糙度、轴瓦与轴表面的接触方法、润滑（给油）方法等。

制造轴瓦的材料有青铜、磷青铜、铅青铜、白铜合金、铝合金等。这些材料比一般轴的材料都软，使得轴承中的磨损大都发出在轴瓦一方。这是因为与轴相比，轴瓦更换容易，材料费、加工费也便宜。设计上一般也是这样考虑的。

为了安装方便，经常将滑动轴承做成沿轴线上下剖分，上下两部分包住轴的形式。这时，轴承座也是剖分式的，需用螺栓联接到一起。

在滑动轴承中存在着下述理论问题。轴与轴承等两个以上零件相互间以面接触、且相对滑动时，滑动摩擦会消耗一些能量。此外，摩擦产生的热有时会使轴承面烧伤。当然两个零件也会产生磨损。为了避免这些现

油沟

油孔

▲车床主轴轴承的上半部拆下后的结构

象发生，需要进行润滑，也就是通常所说的浇油。

通过浇油，使表面张力小的油进入到两个零件间的缝隙中，形成油膜，防止金属与金属直接接触，使金属与油接触，以减少阻力。

但是，当载荷过大、高速回转时，如果油不能粘附金属上，油膜会破裂，这样将导致金属直接接触，产生发热、摩损、烧伤。

在滑动轴承中必须设有容纳油的间隙。

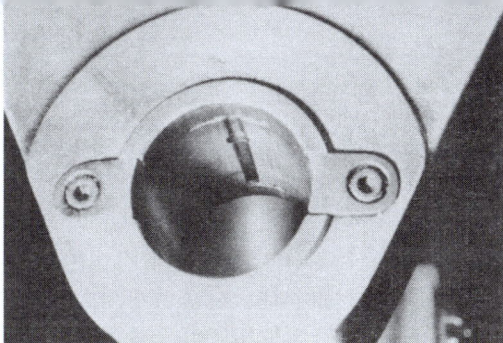
▲卧式铣床的刀杆支撑用轴承，非剖分式

▲印刷机上油墨滚子的滑动轴承的上半部是敞开的

▲内燃机活塞用。其尺寸大小和油沟形式多种多样

这些机械载荷小、构造简单、价格低。属于一般用途机械，而且大部分都用粉末冶金自润滑轴承。

其次滑动轴承还应用在内燃机中联接活塞和曲柄的连杆的两端。在这种高温、受冲击力的地方，适合使用材料软、承载面大的滑动轴承。此外，在曲轴上，如果不用剖分式，安装不便，所以必须要用滑动轴承。

再者滑动轴承还可用在精度要求非常高的磨床的砂轮轴、精密车床的主轴等上。这样的轴承见第76~80页，其使用转速高。再次就是大型机械上了。因为大型机械每台都不相同，由于滚动轴承可靠度低且价高，故也采用滑动轴承。

在这个很小的间隙中，由于轴的回转，油被压缩，如右下图所示，一部分形成高压。由于油楔的作用，使轴在油中浮起，形成理想的回转支撑状态。

为了确保这一理想状态，油的供给方法是首要考虑的问题。一般从轴承的上面依靠重力滴下供油。与此同时，为了使滴下的油能分布到轴承的各部分，还在轴承内表面上开有油沟。油沟的形状也是多种多样的。

现在，滑动轴承在轻型机械中应用最广。

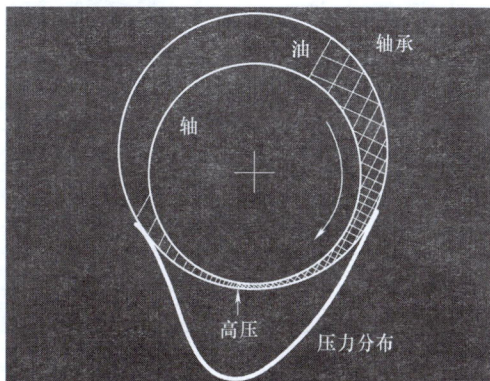
▲滑动轴承中油膜的压力分布

滑动轴承用轴瓦

在 JIS 中有关于滑动轴承轴瓦的标准。与其每个滑动轴承都单独制造轴瓦，不如使用标准化的轴瓦，可方便地将标准轴瓦装到机械主体上的安装孔中里，作为轴承。从设计、加工来看，都是合理的。

在标准中有 4 种轴瓦。第 1 种是轴承合金的铸造轴瓦。第 2 种是在轴瓦金属本体的内表面上结合轴承合金的轴瓦。这两种轴瓦，其内径是与 40 页的轴的直径相对应的，对应于轴瓦的每一内径，规定了几种外径和长度。这样的轴瓦就是所谓的标准件。

第 3 种是用轴承合金板卷制而成的。第 4 种是在钢板上加上轴承合金后卷制而成的。这两种与第 1、第 2 种相比可说是简易型的。正因为如此，规格上仅有内径（轴颈）为 8～56mm 的小型的。

由轴瓦外径与内径的比可以知道轴瓦的厚度，这个比值一般取 1.12 或 1.25，以此确定外径。但是，当内径比较小时，如果还按此比值，轴瓦厚度会过薄，所以这时将此比值扩大到 1.4～2.24。

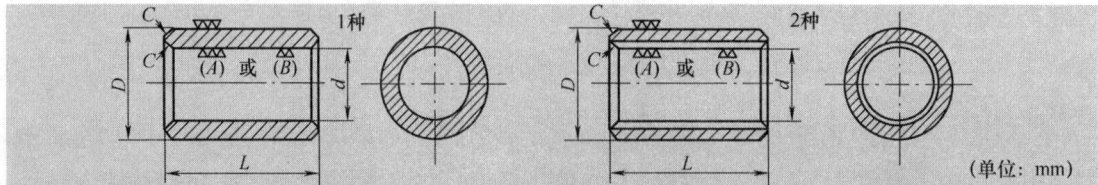

（单位：mm）

内径 d	外径 D						长 度 L						倒角 C
4				7.1	8	9	4	6.3					0.2
4.5					8	9	10	4	6.3				0.2
				9	9	10	5	8					0.2

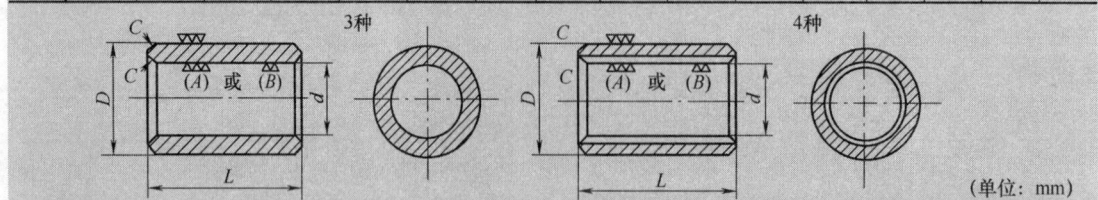

（单位：mm）

内径 d	外径 D					长 度 L					倒角 C
8	—	10	6.3	8	10	12.5	—	—	—		0.2
9	—	11.2	6.3	8	10	12.5	—	—	—		0.2
		12.5	6.3	8	10	12.5					0.2

▲滑动轴承用轴瓦的第 1 种到第 4 种共 4 种规格

粉末冶金含油轴承[○]

这是一种含油轴承。其制造方法有点特别，是用"烧结"方法制造的。

所谓烧结是指将金属粉末放到模具中压缩成型后，再将其放入炉中烧制，使得粉末相互粘结、形状固定的成形方法，与超硬质合金的制造方法相同。

在这样成形零件中的粉末间存在着很多细小的间隙，将这些间隙中浸满油。这样由于这些油的存在，使用时就没有必要注油，

可以节省维护时间，即使是不懂机械的人也可以使用，适合在不能有油污染的地方使用，故命名为含油轴承。

根据合金粉末的种类、含油率、抗压强度等，含油轴承分为几种规格，在 JIS 中根据形状，分为圆筒形、带翻边圆筒形、球形3 种，对于每种都规定了多种尺寸。这其中，球形的是其他类轴承中没有的，只有含油轴承有此形式的。使球形部分嵌入得稍松一点，使轴两端的轴承能自动调心，即使两端轴心不一致，也可自动形成同心。故多用于轻载的轻型机械上。

此外，根据形状、尺寸、材质不同，除了标准的以外，还有多种非标含油轴承。

再者，正因为能含油，内部有很多空隙，这也就意味着其强度低。只用钳子等用力夹一下，小的含油轴承就会碎成照片上的样子了。

▲只用钳子用力夹一下就碎成这样了

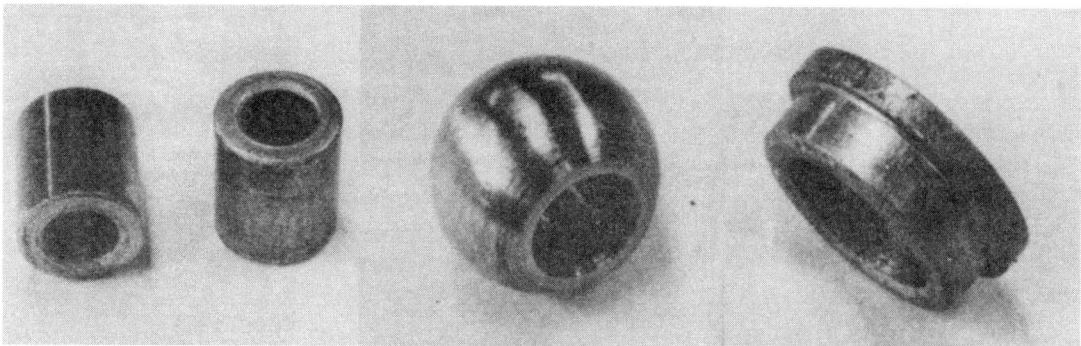

▲烧结含油圆柱轴承　　　　▲烧结含油球面轴承　　　　▲烧结翻边含油圆柱轴承

滚动轴承

对于滚动轴承，很多项目都已经标准化、规格化了。滚动轴承在机械技术中占有非常重要的地位，是代表一个国家制造技术水平的零件，由少数的大型企业以集中、大量的方式生产，影响领域非常广。

由于日本文字改革的原因，同时还有习惯等的影响，日本关于轴承这一术语的叫法很不统一，有的用片假名，有的用平假名，有的用汉字与假名的混合名称。

我们来看看标准对于滚动轴承有多少项目作了规定。请看一下表，可见有很多项。

内圈、外圈和它们之间的滚动体是滚动轴承的主要零件。

内圈装在轴上，与轴一起转动。外圈嵌在轴承座、箱体、机械主体等中，并被固定。在内外圈中间，作滚动运动的滚动体嵌在其中。内、外圈及滚动体间的相对滚动运动支撑起轴并使之保持转动。

滚动体有球形、滚子形和针形。理论上说，球与内、外圈只在一点相接触，所以用几个～几十个球来承受轴上的载荷。如果做成双列，那就能承受更大的载荷。

滚子与内、外圈的接触为线接触，正因为此，它能够承受更大的载荷。此外，为了减小轴承的外径，将滚子做成了针状。

此外，也有省略内圈，使轴与滚子直接接触的轴承。

因为内、外圈与滚动体在承受载荷的同时在作高速滚动运动，所以它的硬度很重要。关于这一点，在 JIS 中也作了规定。

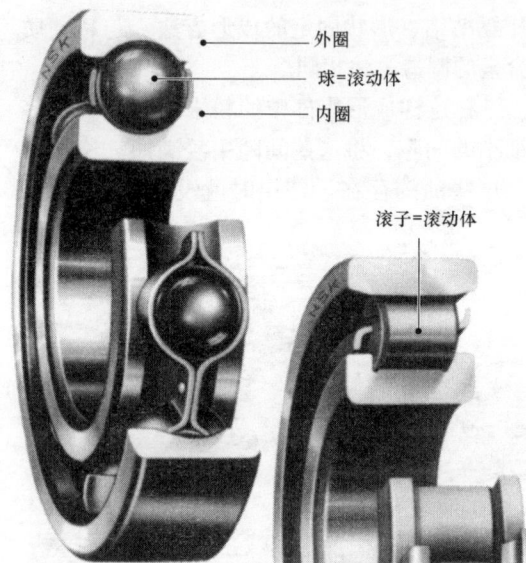

外圈
球=滚动体
内圈

滚子=滚动体

▲（单列）**球轴承**　　▲（单列）**滚子轴承**

▲**滚针轴承**

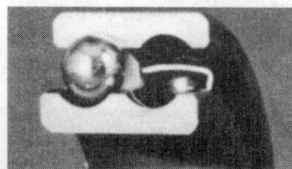

▲（双列）**球轴承**

▲（双列）**滚子轴承**

标　准　种　类		标　准　号	标　准　名　称
——		B1511	滚动轴承通用技术条件
基础标准		B0005	滚动轴承制图
		B0104	滚动轴承术语
		B0124	滚动轴承数量代号
		B1512	滚动轴承的主要尺寸
		B1513	滚动轴承的代号
		B1514	滚动轴承的精度
		B1515	滚动轴承的测量方法
		B1516	滚动轴承的标记
		B1517	滚动轴承的包装
		B1518	滚动轴承的额定动载荷的计算方法
		B1519	滚动轴承的额定静载荷的计算方法
		B1548	滚动轴承噪声的测定方法
		G4805	高铬轴承钢材
轴承分类标准	一般轴承	B1521	深沟球轴承
		B1522	角接触球轴承
		B1523	自动调心球轴承
		B1532	平面座推力球轴承
		B1533	圆柱滚子轴承
		B1534	圆锥滚子轴承
		B1535	自动调心滚子轴承
		B1536	滚针轴承
		B1539	推力自动调心滚子轴承
	特殊轴承	B1538	磁力球轴承
		B1558	带座滚动轴承用球轴承
		D2801	汽车离合器球轴承
		D2802	汽车转向节球轴承
		D2803	汽车水泵用球轴承
轴承零件标准		B1501	球轴承用钢球
		B1506	滚子轴承用滚子
		B1509	滚动轴承用挡圈
附件标准		B1551	滚动轴承轴承座
		B1552	滚动轴承调整套组件
		B1553	滚动轴承调整套
		B1554	滚动轴承锁紧螺母
		B1555	滚动轴承用垫圈及止动垫圈
		B1556	滚动轴承拆卸套
		B1559	带座滚动轴承用轴承座
相关标准		B1557	带座滚动轴承
		B1566	滚动轴承的安装与配合尺寸
		K2225	滚动轴承润滑剂

滚动轴承的种类

表中带□的数字与照片上的序号相对应。

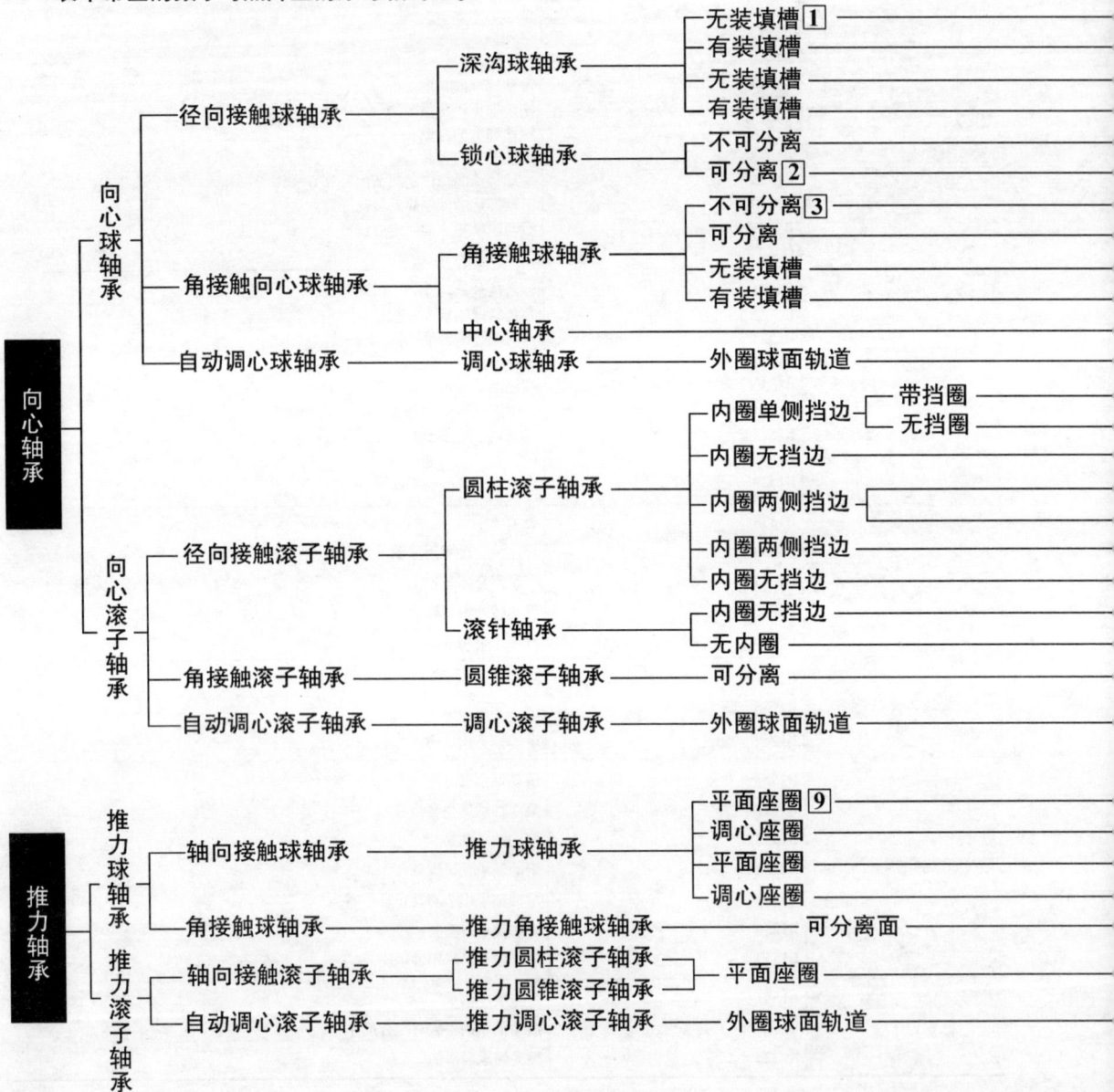

向心轴承
- 向心球轴承
  - 径向接触球轴承
    - 深沟球轴承
      - 无装填槽 [1]
      - 有装填槽
      - 无装填槽
      - 有装填槽
    - 锁心球轴承
      - 不可分离
      - 可分离 [2]
  - 角接触向心球轴承
    - 角接触球轴承
      - 不可分离 [3]
      - 可分离
      - 无装填槽
      - 有装填槽
    - 中心轴承
  - 自动调心球轴承
    - 调心球轴承 —— 外圈球面轨道
- 向心滚子轴承
  - 径向接触滚子轴承
    - 圆柱滚子轴承
      - 内圈单侧挡边
        - 带挡圈
        - 无挡圈
      - 内圈无挡边
      - 内圈两侧挡边
      - 内圈两侧挡边
      - 内圈无挡边
    - 滚针轴承
      - 内圈无挡边
      - 无内圈
  - 角接触滚子轴承
    - 圆锥滚子轴承 —— 可分离
  - 自动调心滚子轴承
    - 调心滚子轴承 —— 外圈球面轨道

推力轴承
- 推力球轴承
  - 轴向接触球轴承
    - 推力球轴承
      - 平面座圈 [9]
      - 调心座圈
      - 平面座圈
      - 调心座圈
  - 角接触球轴承
    - 推力角接触球轴承 —— 可分离面
- 推力滚子轴承
  - 轴向接触滚子轴承
    - 推力圆柱滚子轴承
    - 推力圆锥滚子轴承 —— 平面座圈
  - 自动调心滚子轴承
    - 推力调心滚子轴承 —— 外圈球面轨道

滚动轴承有多种。根据形式的分类如本表所示。68 页中央的粗体字是 JIS 中标准轴承的标准名称，有的标准是基于此名称规定的（66 页），还有一些轴承在 JIS 中没有列出。

单列
双列
单列
单列
双列
单列
双列 4
外圈两侧挡边
单列
外圈单侧挡边
外圈无挡边 5
外圈无挡边 6
双列
外圈两侧挡边
外圈两侧挡边 单列
单列 7
单列
双列 8
单向
双向
单向
单向
单向 10

1
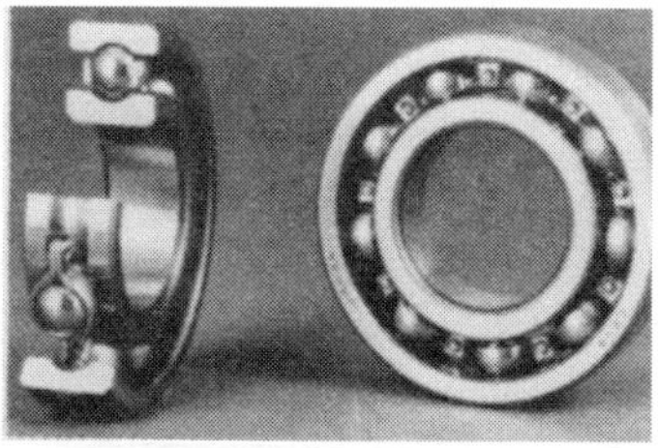
6
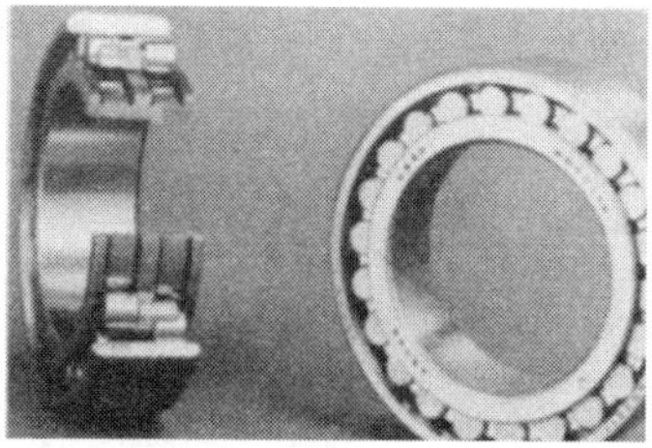
2
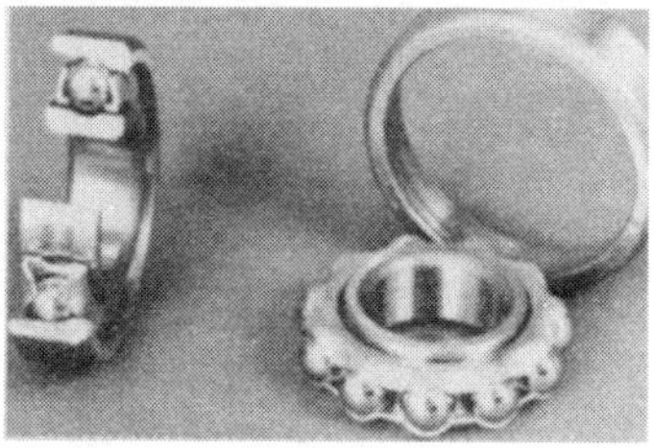
7
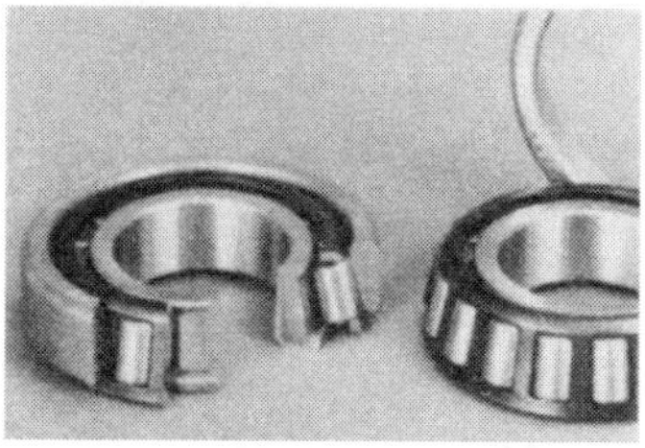
3
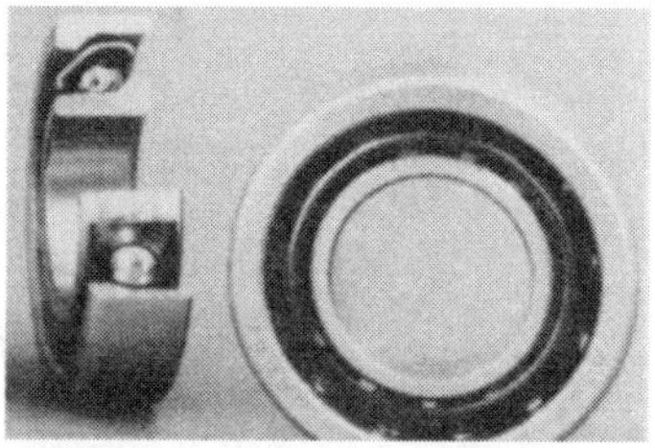
8
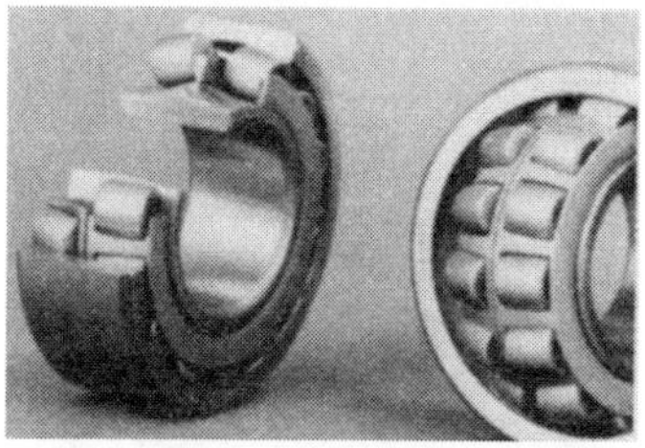
4
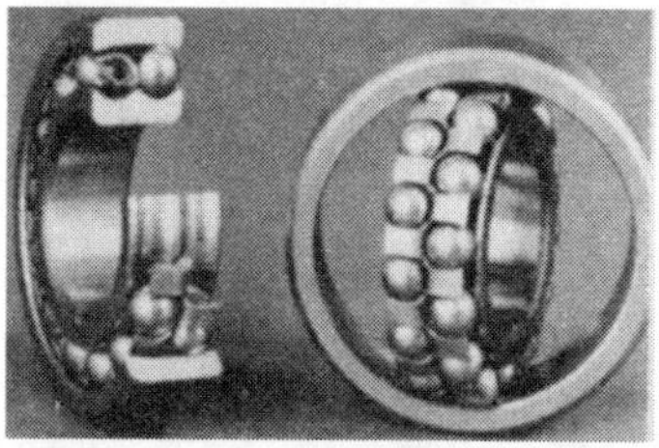
9
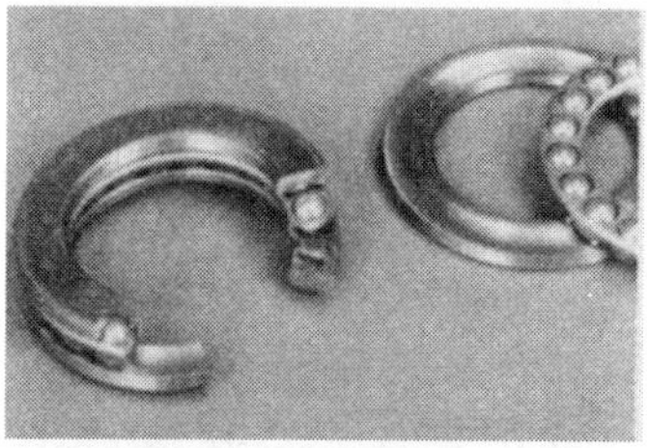
5
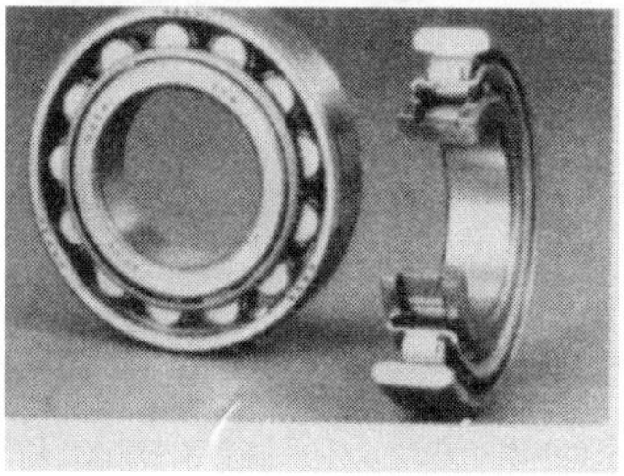
10
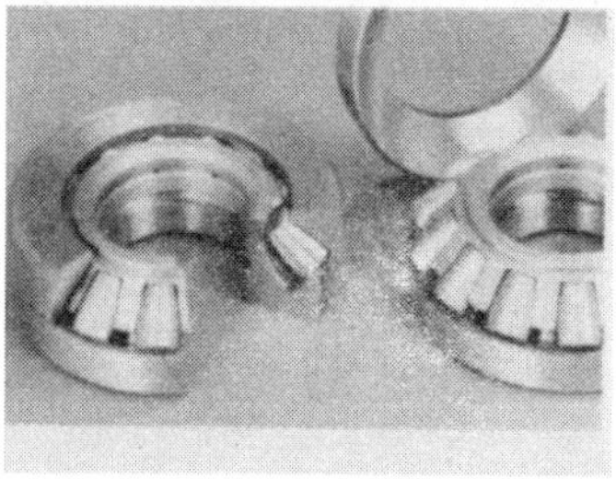

滚动轴承的主要尺寸

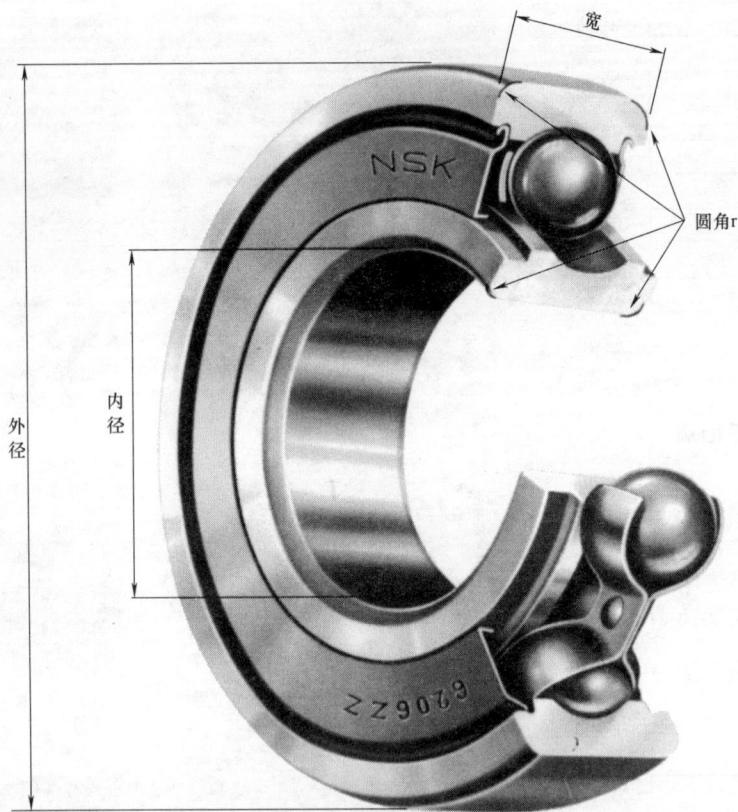

滚动轴承的内径、外径、宽度或称高度、圆角等表示其轮廓的尺寸为主要尺寸。这些主要尺寸是滚动轴承在轴和轴承孔中安装时所需要的尺寸。

向心轴承、圆锥滚子轴承、推力轴承（平面座圈·68 页）的主要尺寸均已系列化。对于每一直径系列，有数种宽度和圆角尺寸系列与之对应；对于每一轴承内径，对应的多种外径、

宽度、倒角尺寸，都进行了规定。这些标准数值在 JIS 中用一个很大的表来表示，此表与本书的读者关系不大，此处只引用了表的一部分。

下面，简单介绍几个难解的术语。

● **直径系列**——与内径相对应的外径的尺寸系列。对于同一内径，规定了其数种的外径值。向心轴承有 8 种，圆锥滚子轴承有 4 种，单向推力轴承有 6 种，双向推力轴承有 3 种

70

轴承内径 d	直径系列8 — 轴承外径 D	08	18	28	38	48	58	68	r 08	r 18~68	直径系列9 — 轴承外径 D	09	19	29	39	49	59	69	r 09	r 19~6
		宽 B							圆角尺寸 r			宽 B							圆角尺寸 r	
0.6	2.5	—	1	—	1.4	—	—	—	—	0.15										
1	3	—	1	—	1.5	—	—	—	—	0.15										
1.5	4	—	1.2	—	2	—	—	—	—	0.2	4	—	1.6	—	2.3	—	—	—	—	0.2
2	5	—	1.5	—	2.3	—	—	—	—	0.2	5	—	—	—	2.6	—	—	—	—	0.3
2.5	6	—	1.8	—	2.6	—	—	—	—	0.3	6	—	2.3	—	3	—	—	—	—	0.3
3	7	—	2	—	3	—	—	—	—	0.3	7	—	2.5	—	3.5	—	—	—	—	0.3
4	9	—	2.5	3.5	4	—	—	—	—	0.3	8	—	3	—	4	—	—	—	—	0.3
5	11	—	3	4	5	—	—	—	—	0.3	11	—	4	—	—	10	—	—	—	0.3
6	13	—	3.5	4	6	—	—	—	—	0.3	13	—	4	—	—	10	—	—	—	0.4 (⁴)
7	14	—	3.5	5	6	—	—	—	—	0.3	15	—	5	—	7	10	—	—	—	0.4 (⁴)
8	16	—	4	5	6	8	—	—	—	0.4	17	—	5	—	10	11	—	—	—	0.5 (⁴)
9	17	—	4	5	6	8	—	—	—	0.4	19	—	6	—	—	11	—	—	—	0.5 (⁴)
10	19	—	5	6	7	9	—	—	—	0.5	20	—	6	—	—	11	—	—	—	0.5
12	21	—	5	6	7	9	—	—	—	0.5	22	—	6	8	10	13	16	22	—	0.5
15	24	—	5	6	7	9	—	—	—	0.5	24	—	7	8.5	10	13	16	22	—	0.5
17	26	—	5	6	7	9	—	—	—	0.5	28	—	7	8.5	10	13	18	23	—	0.5
20	32	4	7	8	10	12	16	22	0.5	0.5	30	7	9	10	13	18	23	30	0.5	0.5
22	34	4	7	—	10	12	16	22	0.5	0.5	37	7	9	11	13	18	23	30	0.5	0.5
25	37	4	7	8	10	12	16	22	0.5	0.5	39	7	9	11	13	17	23	30	0.5	0.5
28	40	4	7	8	10	12	16	22	0.5	0.5	42	8	9	11	13	17	23	30	0.5	0.5
30	42	4	7	8	10	12	16	22	0.5	0.5	47	8	9	11	13	17	23	30	0.5	0.5
32	44	—	7	—	10	12	16	22	0.5	0.5	52	7	10	13	15	20	27	36	1	1
35	47	4	7	—	10	12	16	22	0.5	0.5	55	7	10	13	15	20	27	36	1	1
40	52	4	7	8	10	12	16	22	0.5	0.5	62	8	10	14	16	20	27	36	0.5	1
45	58	4	7	9	10	13	18	23	0.5	0.5	68	8	12	14	16	22	30	40	0.5	1
50	65	5	7	9	12	18	20	27	0.5	0.5	72	8	12	14	16	22	30	40	0.5	1
55	72	7	9	10	13	15	23	27	0.5	0.5	80	9	13	16	19	25	34	45	0.5	1.5
60	78	7	10	12	14	18	24	32	0.5	0.5	85	9	13	16	19	25	34	45	0.5	1.5
65	85	7	10	13	15	20	27	36	0.5	1	90	9	13	16	19	25	34	54	0.5	1.5
70	90	8	10	13	15	20	27	36	0.5	1	100	10	16	16	23	25	40	54	0.5	1.5
75	95	8	10	13	20	27	36	—	0.5	1	105	10	16	19	23	30	40	54	1	1.5
80	100	8	10	13	20	27	36	—	0.5	1	110	10	16	19	23	30	40	54	1	1.5
85	110	9	13	16	19	25	36	45	0.5	1.5	120	11	18	22	26	35	46	63		
	115	9	13	16		25														
	120			16		25	34													

直径系列。用1位的数字来表示。

●**宽度系列**（高度系列）——同样，表示宽度或高度的系列。同样用1位数来表示。

●**尺寸系列**——宽度系列或高度系列与直径系列的组合。用表示宽度和直径这两个系列组成的2位数来表示，按宽度（或高度）与直径的顺序。仍然是以内径为基础，由与内径相对应的宽度或高度与直径的系列构成。

这是一些不好理解的术语。其中的"尺寸系列"会在滚动轴承的代号中出现。并且，只要有了代号（72页），那么就确定了它是什么样的轴承，不论用在哪里，也不论谁，都通用。在机械图样上同样也是通用的。此外，在给定内径，也就是知道轴径后，用尺寸系列是表示轴承大小的最便捷的方法。

以上全是些数字，虽然有些枯燥，但是作为一个知识点，请记住它。

滚动轴承的代号

随着滚动轴承标准的不断修订，规定其代号也采用下表所示的数字和文字的组合来表示。

基本代号				辅助代号			
轴承系列代号	内径代号	接触角代号	保持架代号	密封代号或防尘盖代号	滚道形状代号	组合代号	游隙代号	等级代号

基本代号表示轴承的形式和主要尺寸。表中的轴承系列代号是由表示轴承形式的代号和表示尺寸系列（72页）的代号组合而成的。例如：形式代号6（单列深沟球轴承，68页）的轴承的尺寸代号有18、19、10、02、03、04共6种。尺寸代号中的左一位表示宽度系列，右侧一位表示直径系列（72页）。与形式代号6组合时，省略宽度系列代号，就可得到68、69、60、62、63、64这样的轴承系列代号。

内径代号表示轴承的内径（即轴的直径），同样用数字来表示。但是，因为这些数字后来又增加了很多，并不一致，所以稍稍有点复杂。

接触角代号只与单列角接触球轴承和单列圆锥滚子轴承有关。这个代号是否需要可由最左侧的轴承系列代号判断出。

辅助代号见下表。

保持架代号		密封或防尘盖代号		滚道形状代号		组合代号		游隙代号		等级代号	
代号	内容	代号	内容	代号	内容	代号	内容	代号	内容	代号	内容
V	无保持架	UU	两侧密封	K	内圈锥孔标准锥度1/2	DB	背对背排列	C1	小于C2	无代号	0级
								C2	小于一般间隙	P6	6级
		U	一侧密封	N	带止动槽	DF	面对面排列	无代号	一般间隙		
		ZZ	两侧带防尘盖					C3	大于一般间隙	P5	5级
				NR	带挡圈	DT	并联排列	C4	大于C3	P4	4级
		Z	一侧带防尘盖					C5	大于C4		

通过上面的介绍，应该明白代号的含义了吧。下面举几个例来练习一下。

（在70页的照片上可以看到"6206ZZ"）。

标记示例

(1) 608C2P6

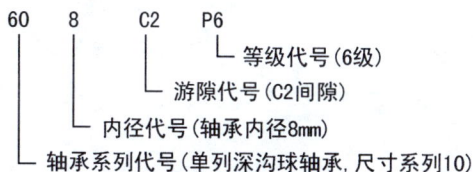

(2) 6312ZNR

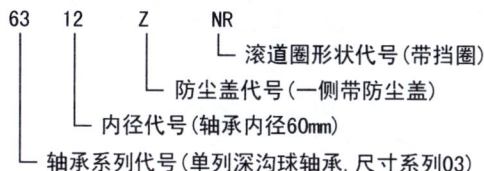

(3) 7206CDBP5

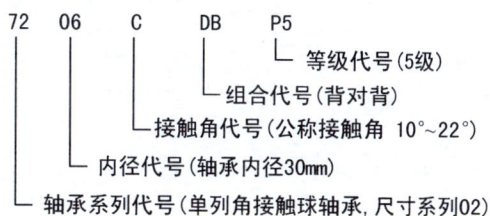

(4) NA4916V

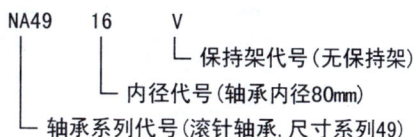

此外，现在生产的各种滚动轴承并非都有标准的标记代号，这些代号仅限于一般使用的基本形的滚动轴承，也就是仅限于一些个别规格的轴承。但是，有这些代号基本够用了。可归纳成表，这比68页的表简明多了。

向心球轴承

单列深沟球轴承 —————— 无装填槽 ·················· 68, 69, 60, 62, 63, 64

单列角接触球轴承 —————— 公称接触角小于45° ·················· 70, 72, 73, 74

双列自动调心球轴承 ··· 12, 13, 22, 23

向心滚子轴承

单列圆柱滚子轴承 —————— 内圈有两侧挡边 ┬—— 外圈有单侧挡边 ········· NF2, NF3, NF4

└—— 外圈无挡边 ········· N2, N3, N4

————— 内圈有单侧挡边 —— 外圈有两侧挡边 ········· NJ2, NJ22, NJ3, NJ23, NJ4

————— 内圈无挡边 —— 外圈有两侧挡边 ········· NU10, NU2, NU22, NU3, NU23, NU4

双列圆柱滚子轴承 —————— 内圈有挡边 —— 外圈无挡边 ········· NN30

单列滚针轴承 ┬—— 内圈无挡边 ┬—— 外圈有挡边 ········· NA40

└—— 无内圈 └—— RNA49

单列圆锥滚子轴承 —————— 可分离 ········· 320, 302, 322, 303, 323

双列自动调心滚子轴承 —————— 外圈滚道面为球面 ········· 230, 231, 222, 232, 213, 223

推力球轴承

单列推力球轴承 ┬—— 单向 ········· 511, 512, 513, 514

└—— 双向 ········· 522, 523, 524

推力滚子球轴承

单列推力自动调心滚子轴承 —————— 外圈滚道面为球面 ········· 292, 293, 294

▲附属件（上左：剖分式立式轴承座，上右：调整套，下左：锁紧圆螺母，下右：圆螺母止动垫圈）

滚动轴承的零件、附属件

　　滚动轴承的组成零件中只有球轴承用的钢球在市场上可以买到。钢球虽然在市场上出售，但并非为了更换磨损后的钢球。如果钢球磨损了，内外圈也会磨损，所以轴承都是整体更换。

　　钢球在市场上有售是因为它在其他地方也有用。一般市场上出售的钢球的尺寸非常有限。钢球的直径尺寸精度可精确到小数点后4位。

　　滚动轴承的滚子有圆柱滚子、棒状滚子、针状滚子、圆锥滚子、球面滚子几种。圆锥滚子和球面滚子尚未有标准。

　　与滚动轴承配套使用的附属件也有多种。在 JIS 中有滚动轴承用轴承座（plummer block）标准。但是查一下英日字典却找不到

plummer 有与轴承的关联的含思。block 是台的意思，综合起来就是轴承座的意思。

　　轴承座包括铸铁（FC20）制的上下分成两部分的座，其中装入滚动轴承再从上面用螺栓将其固定成一体。将轴承座安装在机械、建筑物（梁、柱）上来支撑传动轴。对应于滚动轴承的尺寸系列，轴承座的各部尺寸也都有相应标准。安装轴承的孔的直径、宽度、底面到安装孔中心的高度（中心高）是轴承座的重要尺寸。此外，在市场上出售的许多轴承座是 JIS 所没有的非标件。

　　为了使滚动轴承便于安装、拆卸，对于滚动轴承调整套、锁紧螺母、垫圈、止动垫圈以及由这些零件组成的调整套组件，在一般的尺寸范围内也都做了标准规定。

▲立式座 P

▲圆形座 FC

▲方形座 FU（F）

▲滑块座 K（T）

▲菱形座 FLU（FL）

带座滚动轴承

　　由滚动轴承与轴承座（74页）组成的专用标准件称为带座滚动轴承。

　　这种带座滚动轴承中使用的滚动轴承是外圈的外滚道为球面的单列深沟球轴承，其内圈的安装孔有的是圆柱面，有的是圆锥面。由于这种带座轴承一般在敞开环境中使用，为了防止外部的灰尘进入轴承内或者防止轴承内部的润滑脂泄出，其两侧带有密封或防尘盖。

　　轴承座有铸造立式座 P、法兰座 F、铸造滑块座 K(T)⊖、铸造环形座 C 4 种形式。法兰座形又分为铸造方形座 FU（F）、铸造凸台圆形座 FC、铸造凸台方形座 FS、铸造菱形座 U（FL）。常见的是立式座，因为与剖分式

▲F 形的应用实例

立式轴承座的外观很相近，也常与其混淆。

　　带座轴承代号是按轴承形式代号、轴承座形式代号、尺寸系列代号、内径系列代号的顺序组合起来的，各部的尺寸（实质上是轴承座的各个尺寸）都有标准规定。

────────────

　　⊖ 括号中是中日标准不同时对应的日本代号。——译者注

75

动压轴承

在滑动轴承中，通过轴的转动使润滑油油膜部分的压力增大，从而将轴托起的原理已经在 62 页说明了。在普通的滑动轴承中，因为只有一处压力增高，所以轴的位置会不固定。因此，在动压轴承中，会做出三个压力增高的地方——确切地说就是在三个等分点处做出压力增高点，通过三个点将轴承支撑起来，因此轴会相对固定。

因此，如何做出压力增高的部分——楔形油膜是关键。为了使轴与轴承间的间隙中容易形成楔形油膜，应使轴与轴承间的间隙具有一定的斜度，这一点已由之前的研究证明了。

非正圆滑动轴承

1

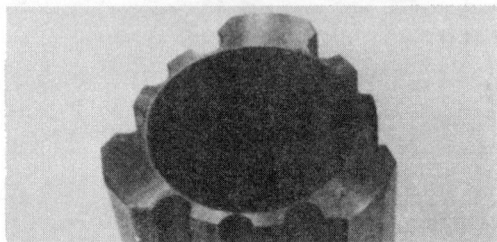

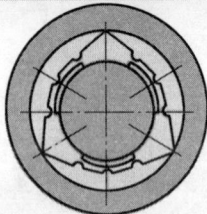

2

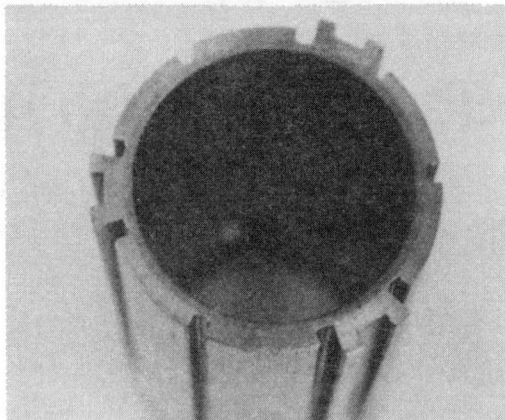

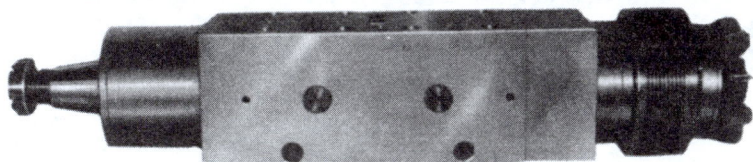

◀在圆筒形磨床的主轴上，
多处应用动压轴承

所以在轴承生产中，都这样进行设计、加工。

照片①是其中的一例。将这个轴承的轴承衬套一端的螺纹拧紧后，带有锥度的外侧面上的突起部分受压，内侧面的圆变形，夸

扇形轴承

3

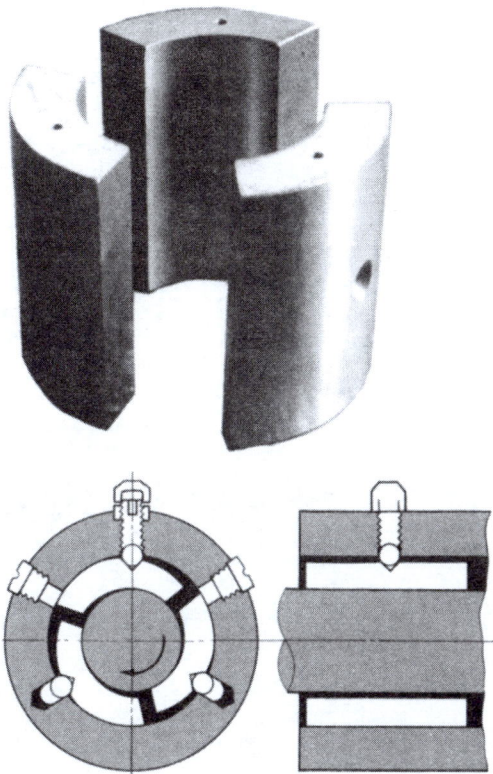

张的说是形成"饭团形"。这样，在轴和轴承衬间形成带有斜度的间隙。随着压入方式不同，间隙会发生变化，能够在 3 个点形成楔形油膜（压力增高部分）。

照片②中轴承的设计思路也和上面相同。这些统称为非正圆滑动轴承。原本应该是正圆，为实现某种功能特意地做成为非正圆。

照片③中轴承也称为扇形轴承，英文为 segment，有部件、切片、扇形的意思。将轴承衬套分割成三个扇形部件，使每个扇形块与轴保持一定角度，目的也是做出斜度。这样就可以形成楔形油膜。

其横截面形状如图所示，也有将轴承衬分成 5 等份，使轴承中形成楔形油膜。

这些轴承是通过轴的转动，使油膜产生压力，在此压力下将轴支撑起来。因此，按这种原理制成的轴承称为"动压轴承"。

这种动压轴承广义上属于滑动轴承的一种。本页的 3 个例子都是用于磨床砂轮轴的轴承。但是，在使用滑动轴承的车床上，确切地说在高速、小切削用量、精密加工用车床主轴上使用的滑动轴承中，也有几种轴承，通过刮研轴承衬套，可在很小的范围内使间隙变化，其工作原理和动压轴承相同。

对于动压轴承，不仅是在轴承衬套方面进行研究，在润滑油供给方面也有人做了各种研究，许多公司都有自己相关的专利。

静压轴承

从轴承的外部，将一定的压力的油——润滑油，循环送入轴和轴承衬套的间隙中。因此，在轴承上有油的进口和出口。当然，输送油用的泵、油箱、将泵和油箱联接起来的油管、压力表等附加的设备也是必要的。

那么，如果将液压油从进口送入，在油压的作用下就可将轴撑起，这一点上与动压轴承是相同的。如果只是这样而已，就没有必要使用多余的结构使轴撑起了。而这里，不仅要使轴撑起，而且必须使之固定于轴承中心。

因此，要使轴承的内部处于稳定的状态，需使油从进口到出口间的压力稳定在某一条件下，基本构造如下面的横断面图所示。

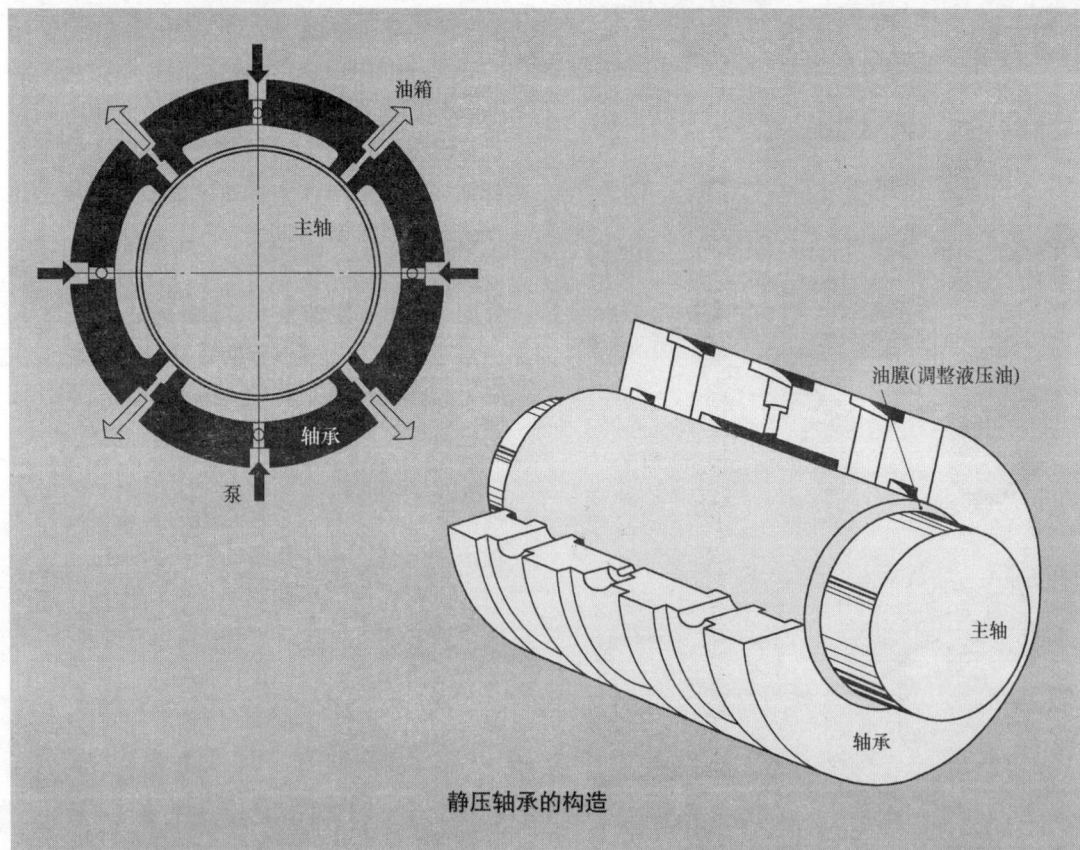

静压轴承的构造

在油的进口与出口之间，设有油槽。并且在轴的四周设有多个这样的结构。

在此状态下，当液压油从几个进口送入，（再从对应的出口流出时，如果几个油槽中的压力出现压力差——轴从中心向某一方向偏移，轴与油槽间壁的间隙变化，使油槽容积的大小会出现差异，便产生压力差——那么轴将从高压侧被推向低压侧。

这样，如果数个油槽的压力差相同，轴将被撑起，浮在轴承中心处。

这样，即使轴不转动，在轴的周围也可形成油膜，并且随着轴的回转，在轴的四周也会形成数个动压油膜，因此轴的向心性大。

这样，即使轴不回转，处在静止的状态，也可通过液压油将轴撑起。因此根据这种原理制成的轴承称为静压轴承。

在静压轴承中，油压设定为多少，油槽中的液压设定多少合适，这些都随着轴的载荷等条件而变化。轴的下侧、上侧油槽的液压油的进口、出口的大小也必须用阀等调节。

静压轴承主要使用在内外圆磨床、万能磨床的砂轮主轴、超精密车床的主轴等要求精度高的地方。

▲外圆磨床上砂轮轴的轴承为静压轴承

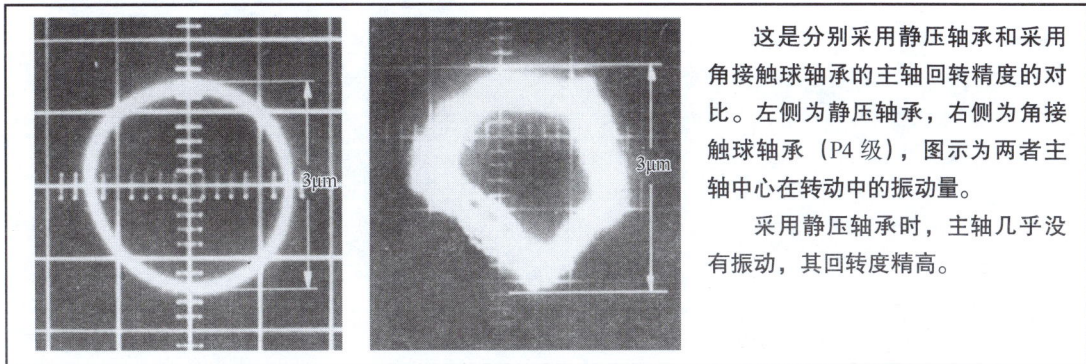

这是分别采用静压轴承和采用角接触球轴承的主轴回转精度的对比。左侧为静压轴承，右侧为角接触球轴承（P4级），图示为两者主轴中心在转动中的振动量。

采用静压轴承时，主轴几乎没有振动，其回转度精高。

79

人造卫星用设备中的空气轴承

照片所示的特殊的轴承，是人造卫星姿势控制陀螺仪用的球面空气轴承。做成球面是为了使其能绕3轴回转，这种设计可以简化结构。

仅靠照片不能将其结构完全表示清楚。在凹球面上有12个 ϕ 0.3mm 的进气口，轴承外周（发亮部分）的槽为集气槽，引导空气向出气口流动。

球直径 60mm，最大载荷 500kg，空气压 20kgf/cm^2 $\ominus$，这是主要的数值指标。外围的凸出部分起到防止空气泄漏的作用。

利用这样简单的构造，要使空气轴承发挥应有的机能，必须要求其达到一定的加工精度。据报道，精度要求为：球体与凹球面座的直径尺寸公差为 0.001mm，球面度为 0.3 μm，表面粗糙度为 Ra0.2 μm。

并没有空气轴承这样的单体零件。在轴与相关零件之间通入一定压力的空气，依靠压力将轴浮起，实现这样功能的零件称为空气轴承。可以认为其构造同 78 页的静压轴承类似，不同的就是将油换成了空气。因为除了空气之外，轴不会与别的东西接触，回转阻力仅是与空气的摩擦力，因此适宜于高速回转。为了使轴受载时不发生振摆，对空气的压力、流量、进口以及出口数量、大小等方面都有严格的要求。

▼以从 12 个 ϕ 0.3mm 的空气孔通入的空气可支撑 500kg 的载荷

$\ominus$　1kgf/cm^2=1MPa ——译者注

口腔治疗设备中的空气轴承

照片上的零件是用于口腔治疗设备上的。这些零件虽然精密，但是结构简单，确切的说，除了轴与轴套外，别的什么也没有。

这种设备中装有一把与金属加工的棒铣刀类似的刀具，用来修磨牙齿。正因为刀具很小，如果不提高转数就不能达到切削速度的要求。另一方面，如果使转速很高，转距很小，那么当刀具受阻力停转时，患者就不会感受到疼痛。它的转速为 500000n/min（每分 50 万转）。

用 3.6kgf/cm² 压力的空气使空气透平回转。同时，部分空气被引入轴承部位，使轴支撑在中心，这些空气还兼有冷却的作用。轴和轴承都是用超硬材料制造的，它们之间的间隙为 0.002~0.0025mm。

为了使大家清楚它的大小，照片是在 1mm 间隙的方格纸上拍摄的。可以看见轴承上的进气孔。为了使空气能均匀地通入超硬轴承的四周，在其上套装一个铝制件。在这个铝制件的中央有几个孔，它的两端用橡胶密封来防止空气泄漏。空气从轴的周围流出后进入患者的口中。

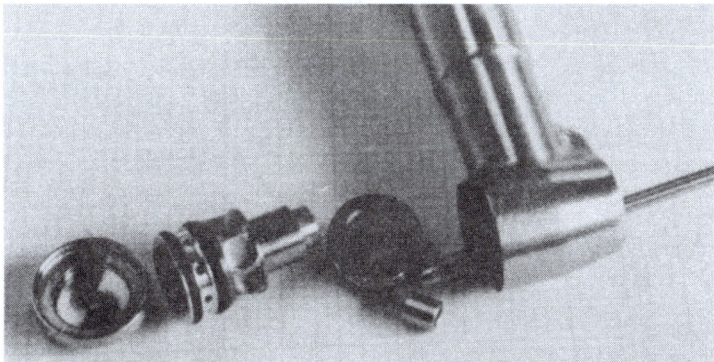

▼ 将零件ⓑ套装在ⓐ上就成为轴承 A，将零件ⓓ套装在ⓒ上就成为轴 B。

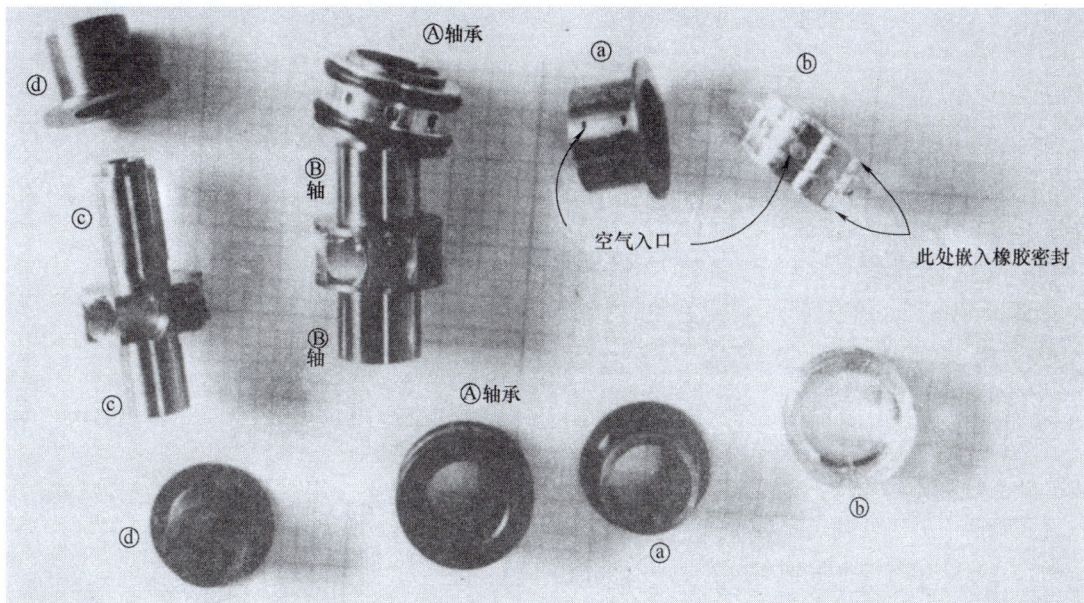

Ⓐ轴承

Ⓑ轴

Ⓑ轴

Ⓐ轴承

ⓐ

ⓑ

空气入口

此处嵌入橡胶密封

ⓓ

ⓒ

ⓒ

ⓓ

ⓐ

ⓑ

顶尖轴承

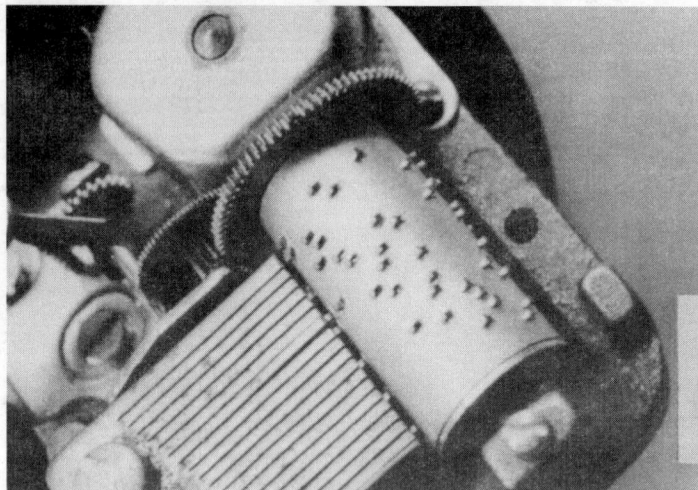

八音盒筒体上的顶尖轴，尖端部经过热处理

这是手表上的和齿轮作成一体的顶尖轴，打开手表后盖可以看到"19JEWELS"的字样，意为在19处使用了用宝石制成的顶尖轴承

顶尖的英文 pivot 为带尖的轴之意。那么从逻辑上来说顶尖轴承应该是顶尖用的轴承。实际上所谓顶尖用的轴承作为零件是不独立存在的，应该理解为顶尖轴和顶尖轴承合为一体的零件。

顶尖轴承使用在载荷小、希望回转阻力尽量小、并且低速转动的条件下。

因为顶尖轴承是以很尖细的尖端来支撑转动，是不可能用于大载荷的。当然，如果轴向载荷太大，顶尖的尖端就会压入被支撑体中。顶尖的端部很尖，理论上讲其接触为点接触，如果说摩擦阻力为零可能不准确，但是应该是非常小的。

来看几个例子吧。照片上的八音盒中装着销子的筒体就是用顶尖轴承支撑的。它很轻，在发条的驱动下，慢慢转动。手表的内部也有类似的装置。留声机拾音臂上的针沿着唱片的纹轻轻移动时产生很小的作用力，在其上使用顶尖轴承是最合适的。

对于顶尖轴承其实并没有做太多特殊处理，只是将轴的尖端做硬化处理，有时也进行热处理，使其与较软部件上的中心孔能配合使用。因为一般转动时间都不长，故不会有太大的问题。但是，由于机械式手表以年为单位不停地转动，磨损问题是无法避免的。在这里使用硬度仅次于金刚石的宝石类材料来制作支撑用的顶尖轴承。机械式手表上的多少钻的标记就是表示制作顶尖轴承用的宝石数量。

在顶尖轴承中，当载荷比较大时，经常采用钢球形式。钢球的圆度非常高。钢球与平面的接触理论上讲是一个点。

钢球无论是用在轴端还是轴承端，效果都是相同的。钢球式顶尖轴承大多使用在承受轴向载荷较大的机械上，或者像测量器那样要求回转中心固定的情况下。

▲留声机的拾音臂上用的也是顶尖轴承

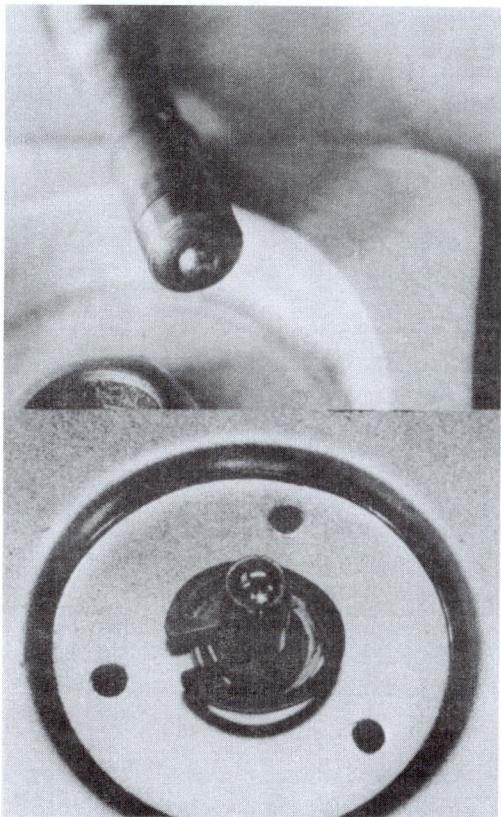

▲使用钢球的顶尖轴（上）和顶尖轴承座（下）

▲后端的轴向推力轴承与锁紧螺母，用此装置进行调节

机床的主轴常要进行预紧。在使用滚动轴承前，先在轴向加以适当的载荷，这称为预紧。

对于滚动轴承，当需要承受轴向载荷时，可用圆锥滚子轴承、角接触球轴承的组合，或者可用轴向推力轴承。因为球和滚子要滚动，所以必须要有很小的间隙。由于间隙的存在，当轴上承受轴向载荷时轴就会产生弯曲。通过预紧使轴处于受拉状态，消除轴承滚动体的间隙，就可以达到防止轴变形、弯曲的效果。

但是，如预紧过度会使

预紧

其承受过大的力，会引起温度上升、噪声增大等不良后果，轴承的寿命也会缩短。

预紧一般都是通过拧紧调整螺母来进行的，其应用的场合也是非常广的。

判定预紧量是否适当的计

算公式有很多，测定方法也比较麻烦。因此，如果已经调整好的，以后就不再动了。

通过测定"起动摩擦转距"来判定轴承预紧是否适当是一种简单的方法，这种方法虽然看起来挺难，但是其操作要点就是测定从停止状态将轴承回转起来需要多大的力。只需将一个弹簧测力计挂在转动体的某处，再拉一下看看，根据弹簧测力计的读数来判断。请注意如果弹簧测力计挂的位置不同，力矩也会发生变化。

与预紧类似的是通常所说的"轴向调整"。这是在使用滑动轴承的老式机械上时经常进行的。早晨，机器起动前处于冷状态，轴也处在缩短的状态，随着机器的起动，由于轴承的摩擦，温度会上升，轴也会在长度方向上伸长。这时，推力轴承会受压，如果压缩过度，就会发热，轴也会发生弯曲变形。

为此，给推力轴承留出一点伸缩空间。对老式机床，一般都要进行1~2次调整。在现代机床上，是通过事前的预紧来平衡膨胀的。

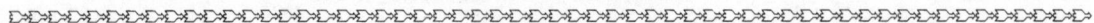

●摩擦轮·齿轮·带·带轮·链·链轮·离合器·制动器

传动零件

▲驱动回转工作台的摩擦轮。在 2 处用 2 对橡胶滚轮来驱动巨大的工作台转动

摩擦轮

当需要从一根轴向另一根轴传递回转运动时，可以在两轴上装上回转体，依靠回转体间的相互摩擦来传递。这里的回转体称为摩擦轮。

要实现以上传动，前提是两轴相互平行，并且两回转体的周长比，即直（半）径比即就是两轴的转速比。一般转动传动中，在传递转动的同时，转速也大都会改变（大多转速下降＝减速传动）。

如果摩擦轮的表面摩擦系数太小，容易打滑就不能传动了。因此，大多数摩擦轮用摩擦系数大的材料——橡胶、皮革等来制造。但是，因为这类材料有弹性、易变形，所以难以实现传动比准确和传递大功率。

尽管如此，由于这种装置结构简单、故障少、加工制造容易、噪声低，其在轻工类

机械中使用很广泛。

此外，如果将其中的一根轴（主要是主动轴）上圆盘（摩擦轮）的平面作为摩擦面，也称为侧面，与被动轴摩擦轮的外圆摩擦面相接触、摩擦，可以简单地实现传动轴方向的变化（一般为垂直）。

或者，如果能使被动轴上的摩擦轮垂直于主动轴上摩擦轮的轴作垂直方向的径向移动，就可以实现大速比的无级变速。因为，虽然主动轴转速相同，但摩擦盘的外周的线速度大，中心附近的线速度低。

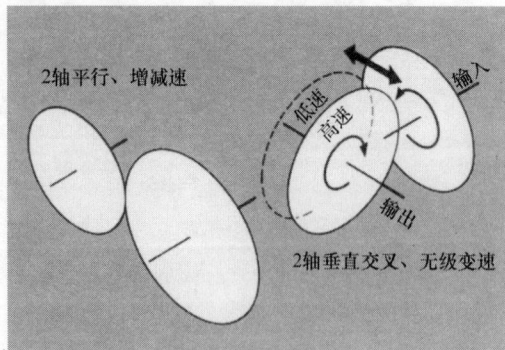

2轴平行、增减速
低速
高速
输入
输出
2轴垂直交叉、无级变速

▲2 轴平行与 2 轴垂直交叉的摩擦轮传动

▲火车车轮在研磨机上加工时，车轮用摩擦轮驱动

▲驱动录音机转台的摩擦轮

此外，对于这种传动，如果把被动轴上摩擦轮从主动轴中心旁的一侧移动到另一侧，那么被动轴的回转方向就会反向，或者将夹住被动摩擦轮的主动摩擦轮从被动摩擦轮的一侧移到另一侧，也可以实现回转反向。在摩擦压力机中，就是在被动轴摩擦轮的两侧设置有夹住主动轴摩擦轮的装置，通过主动摩擦轮的左右移动，实现正反转。

刚开始时讲过摩擦轮一般用摩擦系数大

的材料来制造，但也有用金属材料制造的摩擦轮。这种摩擦轮用于特殊的地方，金属摩擦轮常使用在无级变速器中。

摩擦轮无级变速器也有多种形式，因此，摩擦轮也是多种多样的。有球面摩擦轮、圆锥摩擦轮、内锥孔摩擦轮等形式。这些摩擦轮之所以都是用金属制作，是因为要求其传动比准确，因此必须要求尺寸、形状保持准确。

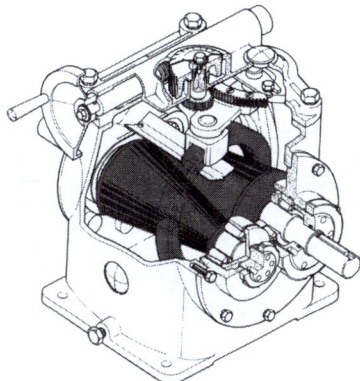

▲球面摩擦轮无级变速器

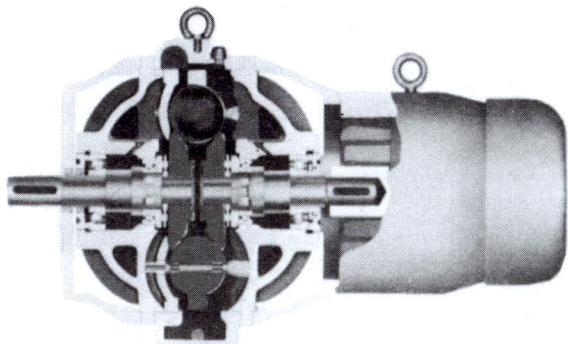

▲内锥孔摩擦轮无级变速器

齿轮—1

要想以摩擦轮（86页）来实现高速大功率传动，无论如何都无法避免空转（打滑）。为此，为了消除空转，可在回转体的外周上加工出齿，使得齿与齿相互咬和——啮合，这就形成了齿轮。

尽管齿轮未必就是这样发明出来的，但是讲到齿轮的原理，要先介绍一个虚拟存在的圆，一般称为分度圆或节圆，这个圆可以理解为等同于摩擦轮的外圆，传动时主动与被动轴的两圆相切，但没有空转。

这个问题如难理解可先不管。在摩擦轮的外圆上带齿的零件称为"圆柱齿轮"，它用于平行两轴间传动的场合。在圆柱齿轮中，根据齿的形状不同又分为圆柱直齿轮、斜齿轮和人字齿轮。

此外，从形状区分，圆筒外侧带齿的齿轮称为外齿轮，内侧带齿的称为内齿轮，半径无限大的齿轮的一部分称为齿条。

齿轮传动的传动比取决于齿轮的齿数比，齿的大小（模数）相同时，齿数比＝直径比，这与摩擦轮传动相同。当然其传动比比摩擦轮传动准确得多。

为了传递大的力，可以增大模数，或者增加齿宽。

▲外径相同但齿数和模数不同的齿轮

88

增加齿宽和增大摩擦轮宽度的道理相同。模数是齿轮轮齿的大小的度量，等于分度圆直径除以齿数。

$$模数\ m=\frac{分度圆直径\ d}{齿数\ z}$$

总之，齿轮是机械及工业的象征。一般在广告画中，凡是和机械、工业相关的，必定会有齿轮。齿轮的外观大小、传动功率大小、转速高低……实际上千差万别。无论在很小的手表中、还是在50万吨货轮的减速机中都有齿轮在工作。

关于齿轮，除此之外还有很多专业标准、术语，在此无法一一说明。相关内容请参考本丛书中《齿轮的功用及加工》一书。

▲大型货船用的减速齿轮

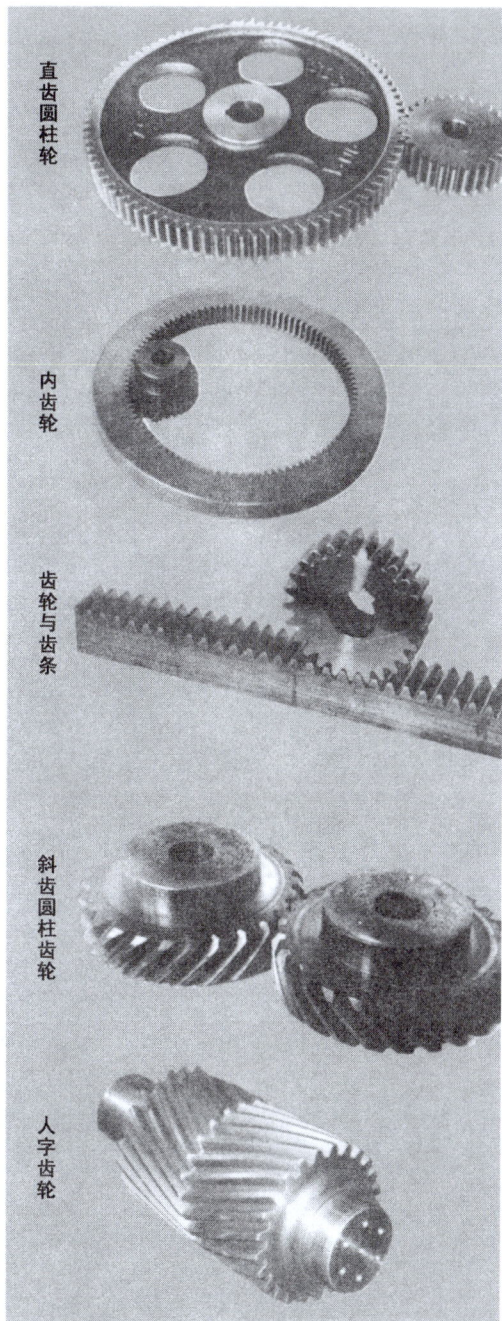

直齿圆柱轮

内齿轮

齿轮与齿条

斜齿圆柱齿轮

人字齿轮

齿轮—2

两轴不平行，但是轴线相交的情况下使用的齿轮称为锥齿轮。

根据齿的形状，锥齿轮分为直齿锥齿轮、斜齿锥齿轮、弧齿锥齿轮。但是，由于齿轮加工机床的问题，斜齿锥齿轮几乎见不到。

锥齿轮的两齿轮轴一般都是正交的。非正交的情况下所使用的齿轮称为斜交锥齿轮。

从锥齿轮的顶点沿轴向将锥齿轮压平，得到的"分度圆变成平面的锥齿轮"称为平面齿轮。由摩擦轮演变成的齿轮应理解为平面齿轮。

与摩擦轮相似之处就以上这些，除此之外，还有两轴交错不相交的齿轮。

将直齿圆柱轮体的两平行轴扭转，使两轴线不平行，这时的齿轮称为螺旋齿轮，其中单独的一个即是螺旋圆柱齿轮。

将圆锥齿轮的相交的两轴错开，此时用到的齿轮称为"双曲面锥齿轮"。这已不是锥齿轮了，而是一种"圆锥形的齿轮副"，在标准术语中也是这样定义的。

直齿锥齿轮

准双曲面锥齿轮副

斜齿锥齿轮

弧齿锥齿轮

交错轴斜齿轴

将双曲面锥齿轮的两轴错开的距离增大，这时所用的齿轮称为准双曲面锥齿轮。随着两轴错开距离的增大，在由双曲面锥齿轮变为准双曲面锥齿轮的同时，一方——主动小齿轮的齿成为了螺旋齿，从锥齿轮——准双曲面圆锥大齿轮（从动轮）的正面（轴方向，上侧）来看，可以很清楚地看出。

将准双曲面锥齿轮的主动轴移动到与大齿轮（从动轮）的外圆相切的位置，这对齿轮传动就成了蜗杆蜗轮传动。主动轮——蜗杆变成了完全螺旋状。这也可以理解为只将螺旋齿轮主动轮上的齿扭曲形成的传动，结果是相同的。

随着两轴相错距离的增大，主动轮向从动轮外圆周方向移动，主动轮齿也就随着变成为螺旋状，主动轮与从动轮的关系就被固定了下来。也就是，对于准双曲面锥齿轮和蜗杆蜗轮传动来说，反过来以从动轮作为主动轮的传动就不能实现了。

以蜗杆蜗轮转动为首，这里所说的双曲面锥齿轮、螺旋齿轮，都是针对一对相啮合齿轮来说的。对于蜗杆蜗轮传动的单个齿轮来说，蜗杆是主动侧，蜗轮是从动侧。

与平齿轮相似的，"与平面齿轮或者弧齿圆柱齿轮相啮合的圆盘状齿轮副，或者单独一个圆盘齿轮"称为面齿轮。

这样的齿轮传动，有的两轴垂直相交，有的两轴垂直相错，但两轴都是垂直的。因为一方为圆柱齿轮，与之相啮合的齿轮是圆盘状（非圆锥形），所以两轴是垂直的。

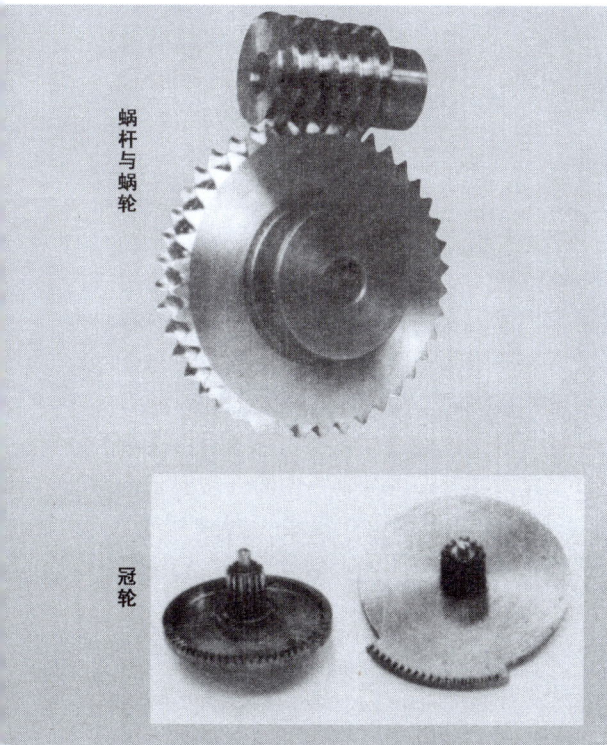

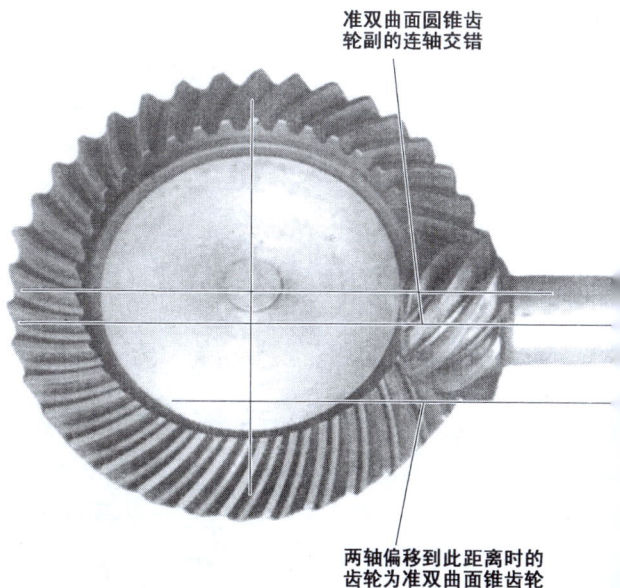

蜗杆与蜗轮

冠轮

准双曲面圆锥齿轮副的连轴交错

两轴偏移到此距离时的齿轮为准双曲面锥齿轮

▲双曲面锥齿轮与准双曲面锥齿轮

平带的种类

摩擦轮传动，其两轴的间距等于两摩擦轮半径之和，仅用于两传动轴间距离比较近的场合。如果两轴间距离远，在满足一定的摩擦轮直径比的条件下，摩擦轮直径必须很大，这就需要很大的空间。因此，产生了另一种方法，不改变摩擦轮的尺寸，仅在其外周上套上传动带，通过中间传动带，以摩擦轮→传动带→摩擦轮的方式进行传动，这种方法称为带传动。

平带是很早就开始使用的传动带的代表。根据使用条件不同，其制造材料也多种多样。在 JIS 中只有橡胶带一种。

革制带是将牛皮用鞣酸或铬酸经鞣制处理制成的。除单层的以外，还有双层，三层叠加成的；其长度、厚度、宽度也是多种多样。接头的方法是将其两端沿厚度方向斜切，将两端的斜切口重叠粘接而成。这种带在实际中几乎看不到。

相对于质量、数量都不稳定的天然制品来说，橡胶平带是质和量都稳定的工业制品，是在棉织布上浸透橡胶后，将 3~8 层贴合而成的。一般是 3 层、4 层叠加起来的，相应的宽度又分别有 6 种和 5 种规格。层数多的用于承受大载荷，其宽度也大些。

橡胶平带成品一般为一根数米长，使用时将其切成需要的长度，两端用皮带扣连起来。因为皮带扣是金属制的，所以当其与金属带轮相接触时，免不了打滑。因此，尽管这种带可以方便地在切除损伤部分后再连接起来，并且还有在两个轴承中间方便安装传动带的优点，但是现在已经不再使用了。

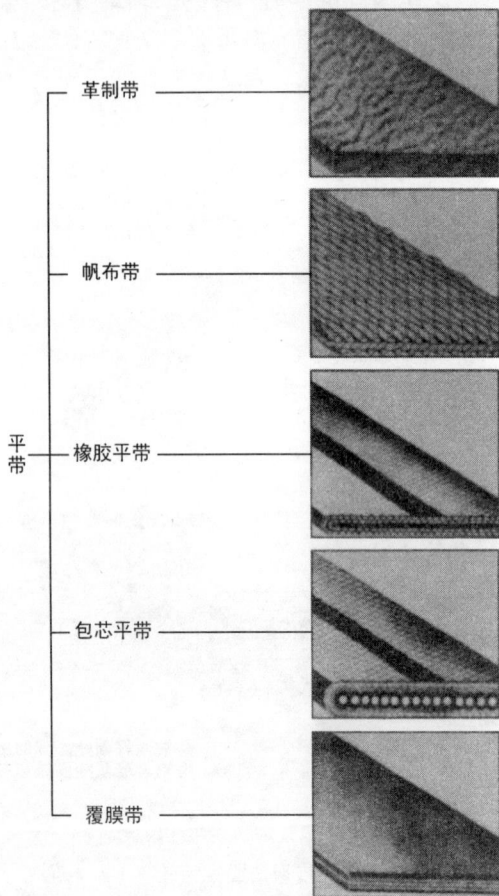

- 革制带
- 帆布带
- 橡胶平带
- 包芯平带
- 覆膜带

平带

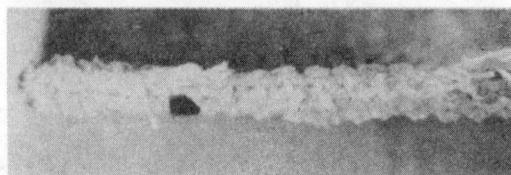

▲棉帆布带

▲明治时代村中保存下来的机械与平带

▲录音机和音量调节钮用的橡胶平带

▲平带的皮带扣接头

▲万能内圆磨床与帆布平带

　　JIS 中的革制带、橡胶带现几乎都没人使用，平带可能被认为是已过时的东西，但是实际中却意外地使用得很多，一般是用其他材料制的，并且是无接头的，也就是中间无断开，一圈是一个整体。

　　带大都是由承受拉力的芯材和承受带与带轮间摩擦的材料构成的。从传递大功率考虑，芯材是用聚酯线、玻璃纤维线、钢丝制成。另外，不易打滑的材料，除了铬酸鞣制的皮革以外还有橡胶。依据荷载大小、容许延展量等，使用不同质量的橡胶，选择橡胶与布的贴合方式。在注重柔软性方面时，即用在小带轮上的带中，有以尼龙布做芯材的带，还有只用聚氨酯橡胶制作的带。

　　另外，平带的使用极限为轴间距 15m 左右，传动比 1:10，带速为 30m/s 左右。

▲橡胶平带的横断面

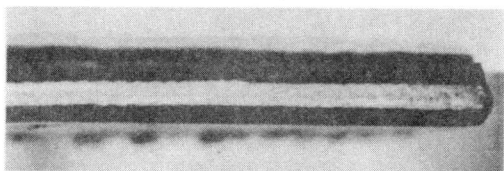
▲中心为棉线，外面包裹橡胶的平带

93

平带轮

▲平带轮已很少见（旧工厂的车间屋顶下面的天车轨道）

只有在 JIS 中才有这种啰嗦的名称。一般简称带轮（pulley），它是通过挂上传动带传递动力的轮子。平带轮是平带用的。

带轮一般都是铸铁制的。由于是装在传动轴上用的，故带轮中间有轮毂，并设有轴孔。按照装在轴上的方式分为两种：一种为从轴端装入，再用键固定的整体型；另一种为从中间剖开，从两边将轴夹住，然后使用螺栓紧固的剖分型。

此外，依据安装传动带的带轮外周的形状不同，分为Ⅰ~Ⅳ4种类型。

像Ⅰ、Ⅱ型带轮常常制成图中那样中央部比两侧直径大。为什么将带轮的中央做得高些呢？

一般来讲，当然直径大的部分的带张力大＝抵抗阻力变大，因此带应该会向抵抗阻力小的部分，即向端部移动吧。但是，实际上带会在中央直径大的部分趋于稳定，带轮就是基于这个原理做成这样的。

通过 95 页的图可以想象出来。该图中假定只在带轮的一侧挂上传动带。

因为带在其伸长的限度之内是会贴紧在带轮上的。若带轮直径有变化，带会发生如图所示的弯曲。转动时，因为带在卷上带轮前是自由的，直线前进到 A 点的带在此点开始与带轮接触，随着带轮的回转，从 A 点运动到 B 点，这时带会贴紧带轮，最终移动到虚线所交位置。这样，带会向带轮的大径处移动。

旧式车床上的台阶式多级带轮，带轮的中央比两端高

尽管带轮的大径与小径有差别，但其差值应在带的张力的许可范围之内，直径较小的一侧不能小到使带松弛以至于脱落的程度。这样，带向大端移动，会从大端脱落。因此，要将带轮中央直径做得最大。

这样，带从带轮两细端向中央移动，在中央最粗的地方，两侧向中央的挤压力达到平衡，在中央趋于稳定。

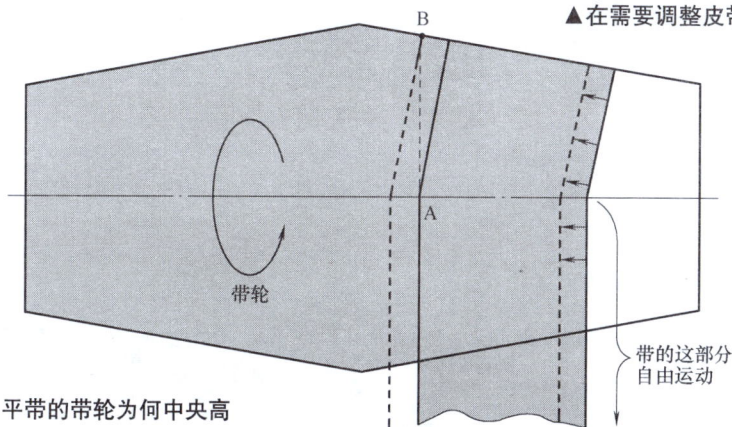

B

A

带轮

带的这部分
自由运动

▲平带的带轮为何中央高

如无视这一原理，想要防止皮带脱落，仅在平的带轮的两端做出轮缘，结果适得其反。平带会移上轮缘，当超过了平带的

▲在需要使平带横向滑动的装置上，只将带轮两端直径做小，并附加防脱轮缘

张力极限后，就会断裂，或者是在某一位置达到力的平衡后趋于稳定。但是带的边缘会产生损伤，这种轮缘是有害无益的。在通过使带移位，实现正转、停止、反转的装置（旧的机械）的带轮上，如果将中央部分直径做大，则带无法移动。在这样的装置上，可使用Ⅲ、Ⅳ型平带轮。但是，在这样的装置上都有使带移位用装置，可以用来防止带脱落。

总之，既使在JIS中有相关标准，像这样的带、带轮大都已经不再使用，也已经不生产了。

95

V 带的种类

V 带的横断面呈 V 字形，与一般的平橡胶带不同，V 带一直是无接头型的（无端头环形）。

JIS 中 V 带的规格，依据尺寸，分为 M、A、B、C、D、E 6 种类型。M 型的断面面积最小，顺次增大，E 型的最大。细的（M 型）用于小功率，E 型用于大功率。V 字的角度均为 40°。

V 带的构造如图所示，芯材（线）是传递动力的主体，要求抗拉强度大，延伸性小。V 带在保持断面形状的同时，具有挠性，绕在带轮上后能沿带轮轮廓弯曲，在处于两带轮之间部分保持伸直，橡胶就具有这样的性质。V 带外侧覆盖的是帆布。这三种材料必须密切贴合。

对于 V 带的长度，M 型以外周长表示，A~E 型以有效长度来表示。每种形式的长度都有规定，以长度规格作为公称代号。因此，B-57 表示 B 型带，有效长度为 1448mm。即使公称代号相同，除了 B 型的，还有 A 型带。并且，公称代号都标注在带的外侧。

V 带的有效长度并非指其实际长度，而是计算带轮（100 页）传动比用的虚拟的线的长度，如同齿轮上的分度圆。摩擦轮、平带、带轮都可以用其外周来直接计算，但是

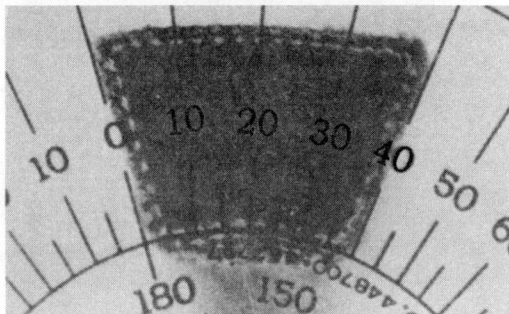

▲普通 V 带的角度为 40°（这是 B 型的）

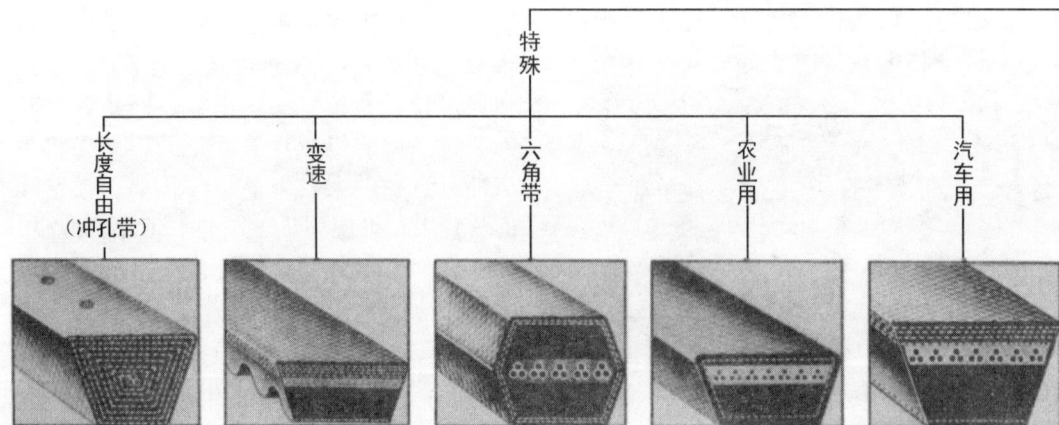

特殊

长度自由（冲孔带） — 变速 — 六角带 — 农业用 — 汽车用

▲V 带的构造

像 V 带这样既有厚度，而且内圈与带轮并不接触的零件，以哪个圆周来计算呢？这里采用带轮的分度圆来计算。依据传动比、带轮直径、轴间距等来确定带的有效长度。尽管理论是这样，因为标准的 V 带的长度是由其公称代号确定的，设计时要按照带来确定相关的尺寸。

V 带的型号选择是根据传递的功率和小带轮的转数来决定的。带轮直径小与 V 带的接触长度短，传递功率就小；转数提高，张力增大，摩擦力也会增大，传递功率就会大。

另一方面，如选用的 V 带较粗，弯曲半径就不可能很小。因此，V 带的选择还要考虑机械的体积、空间等因素综合确定。

如使用一根 V 带达不到要求，或者是不想采用粗带时，可用多根带。但是，V 带由于制造的原因，存在长度的误差是不可避免的。在使用多根带时，要保证其长度相等。如果其中的一根带长，它就会不起作用，其他的带将承受过量的载荷，带的寿命就会降低。此外，若使用中其中一根伸长松弛或发生断裂时，应全部更换。新旧混用，由于其伸长率、强度不同，还会出现长短不等的现象。

▲V 带的形式和公称代号

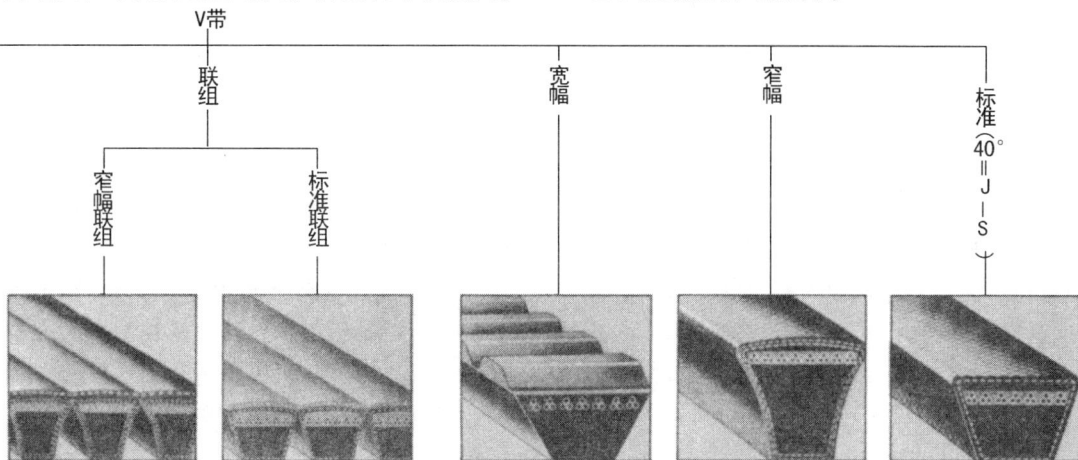

V 带轮

只有在 JIS 中才有这样的名称，在日本，平常一般讲带轮的英语音译名称。虽然如此，在 JIS 中，V 带轮的名称是"铸铁制 V 带轮"。

因为 V 带分为 M、A～E 型，所以带轮的三角槽的尺寸也与带对应有多种尺寸。但是，V 带断面尺寸的标准与带轮上的槽的尺寸标准是不同的。

如图所示，带轮是以分度圆为基准的，自分度圆至槽底的尺寸为 k_0，分度圆至带轮外径的尺寸为 k，分度圆上的槽宽为 l_0，这都是标准中规定的。另外，从带轮端面至槽中心的距离为 l，对于具有 2 个以上槽的带轮，还有一个槽间距尺寸 e。对于 M、D、E 型，

除槽的尺寸以外其他没有规定。

V 形槽的角度 α 随带的形状不同而不同，小直径的角度为 34°，中径的为 36°，大径的为 38°。此外，对于 D 型、E 型粗带，槽形角没有 34°的。

从外观上区分，V 带轮分为腹板式和轮辐式。根据轮毂与轮缘的连接方式，分为 I～V 5 种。

每种形状和种类，都对应有几种公称直径（分度圆直径），相应的各部分尺寸也都有标准规定。

带轮的公称直径为分度圆直径，这一直径是无法直接测量的。要根据带轮上的标记来识别。一般产品的标记方法是在带轮上适当的地方标注公称直径和种类。因此，在带轮上见到的数字可以理解为公称直径。其种类是以 V 带的型号与带轮槽数的组合表示的。A1 为 A 型 V 带，1 根带用带轮，B3 为 B 型 V 带，3 根带用带轮。当然，带的根数（带槽数）一看就明白。

V 带与带轮的转速依据公称直径计算，即分度圆直径。

水平使用 V 带时，为了防止 V 带由下垂侧脱落，宜选用槽较深的带轮，也就是选用将分度圆至外圆（外径）距离加大的带轮。

JIS 中带轮是铸铁制的。实际上，除了铸铁、金属材料以外，用其他材料制造的带轮也有很多。在轻工机械中，常用塑料制的带轮。这些材料的带轮的带槽规格也是符合 JIS 中规定的。

98

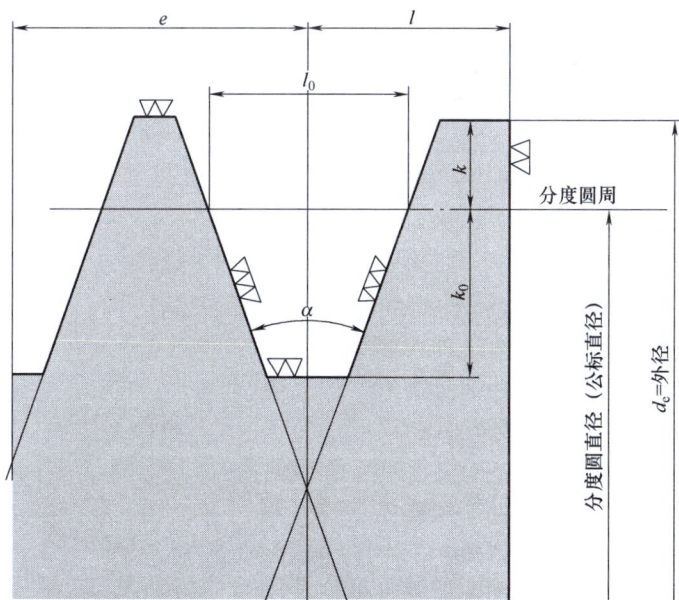

▲V 带轮的尺寸标准

▼V 带槽的角度

V 带	公称直径	α (°)
M 型	50~71	34
	72~90	36
	91~	38
A 型	71~100	34
	101~125	36
	126~	38
B 型	125~160	34
	161~200	36
	201~	38
C 型	200~250	34
	251~315	36
	316~	38
D 型	355~450	36
	451~	38
E 型	500~630	36
	631~	38

▲标记的意思：公称直径 560mm，C 型 V 带，5 根 V 带用带轮

Ｖ带轮的类型

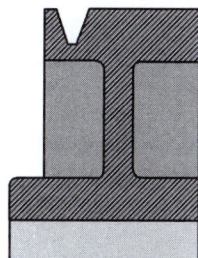
Ⅰ型

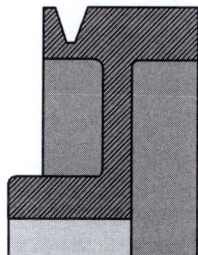
Ⅱ型

Ⅲ型

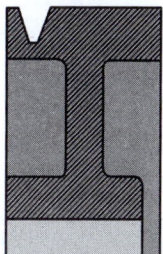
Ⅳ型

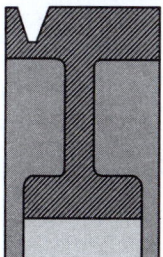
Ⅴ型

V 带与带轮的关系

虽说都是利用摩擦来实现的传动，但是V 带传动与一般的带传动是不同的。V 带即使装在带轮上，带槽的底部与 V 带也是不接触的，带槽的底部与 V 带间有空隙。

V 带与带轮间的摩擦力产生于带与带槽两侧的接触面。因此，V 带是不能与带槽底部相接触的。

V 带在嵌入带槽的同时绕在带轮上，挤压带槽两侧面，因而产生很大的摩擦力。如果 V 带和带槽底部相接触，那就和平带传动一样了。

每根 V 带都是制成环状的，断面两侧的夹角为 40°。因为 V 带是要套在带轮上的，所以带轮直径应该小于带环的直径。并且，由于 V 带要套在主、从动两个带轮上，那么在两带轮的中间，V 带被拉成直线，两端套

在带轮上的部分被弯曲成为比它成形时形成的曲率半径更小的圆弧形。

这样，套在带轮上部分的 V 带，由于受压，两侧面原 40° 的夹角会增大。另一方面，在两带轮中间的直线部分，圆形的 V 带被拉直，两侧面原 40° 的夹角会变小。

随着带轮的转动，V 带被拉成直线、两侧夹角变得小于 40°，在嵌入夹角小于 40°的带槽时，V 带又被弯曲成比以 40° 夹角成型时曲率半直径更小的圆。

▲侧面已经磨耗至底部，表面布层已全部磨去的 V 带

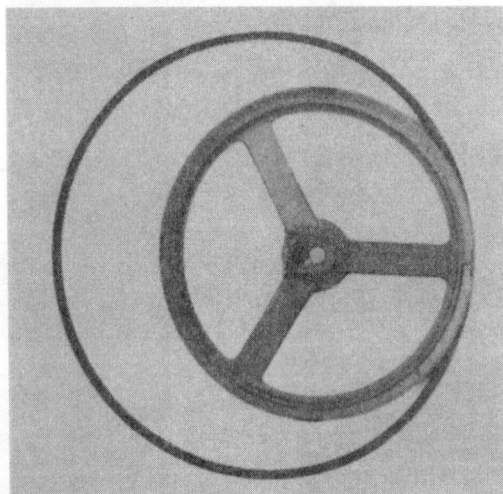

▲成型后的 V 带环的直径大于带轮直径

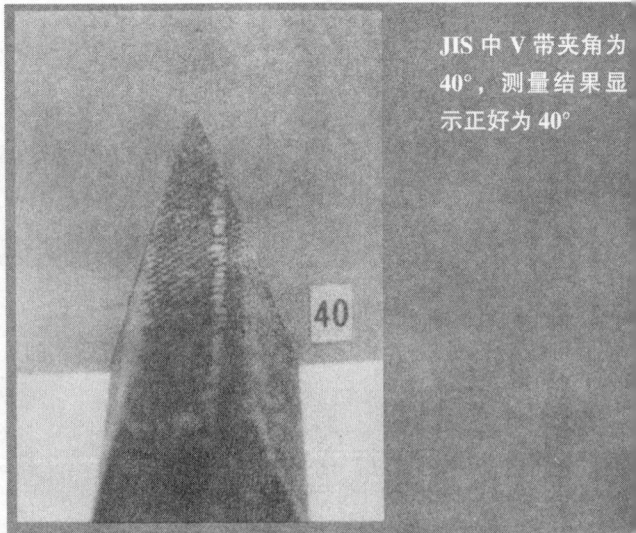

JIS 中 V 带夹角为 40°，测量结果显示正好为 40°

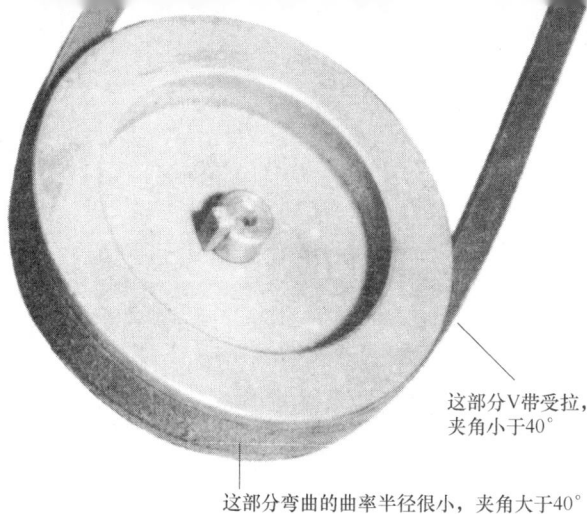

这部分V带受拉，夹角小于40°

这部分弯曲的曲率半径很小，夹角大于40°

▲V 带的角度变化

▲带槽的底部是有空隙的　▲V 带部分会高出带轮

　　因而，V 带受压会横向膨胀，也就会对带槽施加很大的压力，这样，就可以产生很大的摩擦力。

　　因此，带轮直径越小，V 带与带轮的接触面积就越小，摩擦力也就变小。于是将带槽的角度减小，从而使得 V 带与带轮间的摩擦力增大。

　　这样 V 带装到带轮上后，V 带受压。由于 V 带两侧受带槽侧面的约束无法扩张，其外圈就会凸出来。当标准的 V 带与带轮相配时，V 带的外圈会比带轮外圆高出一些。

用手将 V 带弯成曲率半径很小的圆形观察（V 带套在带轮上的状态）。带槽夹角为 40°，只有 V 带内侧可与带槽的侧面接触。这是因为 V 带内侧膨胀了的缘故。V 带轮的夹角有 34°、36°、38° 三种，都小于 40°。因此 V 带侧面与带槽侧面间会产生很大的摩擦力

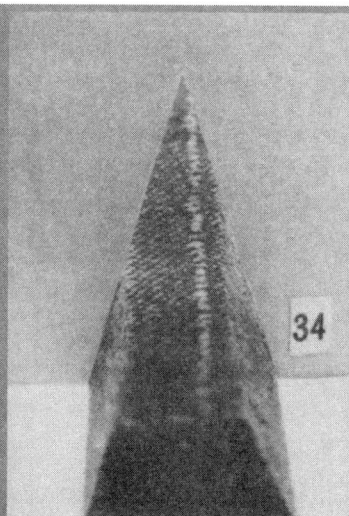

嵌入到 34° 角带轮槽中的 V 带的内侧是不与侧面接触的。但是，实际上 V 带在直线段受拉，V 带的两侧面夹角会小于 40°，接近带槽夹角。

其他传动带

在 JIS 中关于带的标准，仅有橡胶平带和 V 带（40°）两种。其中，橡胶平带恐怕在今后制造的新机械中不会再采用。因为它除了在轴的中间可装卸的优点以外，没有什么别的优点。即使这一优点，如果从设计上方面能解决，它就没有再使用的理由了。但并非平带的标准已经落后，现在使用的平带都是根据使用目的、使用条件，用新材料制造的新型平带。

带传动成本低，噪声小，无振动，还可以吸收两轴的不协调……因为有这么多优点，所以绝不会消失的。并且，除了平带和 V 带以外，还有多种用于不同场合、条件下的传动带在市场上销售并且在现场中应用。

圆带是一种很早就有的传动带，断面呈圆形。现在已很少见的脚踩缝纫机用的就是皮革制圆带。现在的电动缝纫机上依然使用

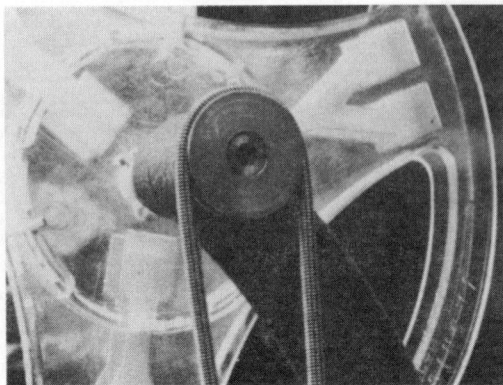

▲ 弹簧带用于轻载（8mm 放映机）

着圆带。虽然其制造材料变了，但仍有很多种圆带在使用，大多用于轻载的情况下。

圆带的优点是没有方向性，不受使用方向的制约。通过中间带轮，平带可以实现向横向弯曲；圆带通过中间带轮同样可以实现弯曲。作为圆带的一种变种，出现了一种弹

其他传动带

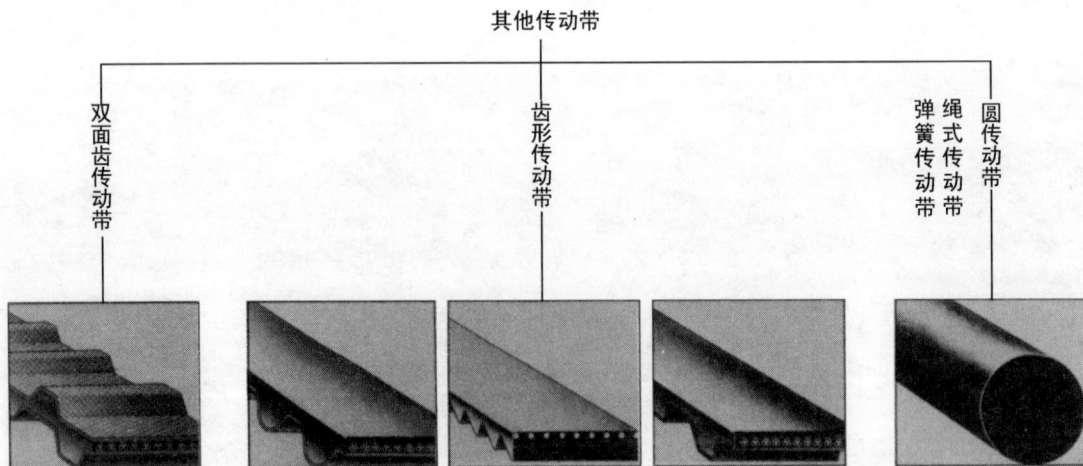

双面齿传动带

齿形传动带

绳式传动带
弹簧传动带

圆传动带

102

▲线绳带用于高速轻载（宝石砂轮机）

▲齿形带不会打滑

簧带，其外形就像伸长的螺旋弹簧一样，适用于轻载。

线绳带的使用方向不受限制，可以看做是圆带的一种变形。照片上的金刚石砂轮机就是利用线绳带传动的，过去牙科医生用来磨牙的牙科治疗设备上也是用线绳带传动的，但现在已经见不到了。也正是因为使用了柔软材料的线绳带传动，才使高速、轻载、多次变换方向成为可能。

异形的 V 带（JIS 以外的传动带）也有多种，具体见 96~97 页的表。

有的 V 带减小了厚度，以增加挠性，使其能适合在小带轮上使用，这样的带用于轻载的场合；有的 V 带的角度增大到 60°。此外，还有的 V 带将受力小的中间部分挖去一部分。这样做，不但减少了重量、提高了传动效率、减小了断面变形、使带与带轮贴合稳定、侧面磨损小，而且也可用于小直径带

轮上。相对来说，这样的带适宜于大载荷。

带传动中的打滑是不可避免的。为了消除带的打滑，有的传动带像齿轮一样在表面上做出齿。最近这种带的应用越来越多，它需和专用的带轮配合使用，这样的带称为同步齿形带。

因为这种带不打滑，所以有多种优点：可以用于高速传动，体积小，不需要大的张紧力，还可以实现恒定转速同步传动。但是，这种带和带轮的价格也是普通的 15~20 倍。

除了传动带的形状之外，传动带的制造材料的种类也越来越多。变化最大的是橡胶材料。过去使用普通橡胶，现在多用聚氨酯。仅从外观上，没经验的人是看不出差别的，这种材料在多方面的性能都优于普通橡胶。

链

因为平带传动存在打滑，故不可能传递很大的功率。V带没有接头，所以不能自由地装上和卸下，制造轴间距离长的V带也很困难。链从长度上来说无限制，无论多长都可以。链与链轮配合传动，不存在打滑，所以可以用来传递较大的功率。

链的英文是 chain。传动用的链都带有套筒，JIS中名称为"传动套筒滚子链"。

套筒滚子链的构造如图所示，由外链节和内链节交错相连而成。换句话说，链是由外链节与内链节连接而成的。外链节是将2个销钉压入到2片外链板中制成的。销的固定形式有销的两端为卡套形式和销的一端为开口销（32页）两种，后者不适用在小尺寸链条上。

内链节是在两个套筒上装上滚子，然后将套筒的两端压入到内链板中制成的。滚子装在套筒上并可在两侧的内链板间转动。

销

套筒

滚子

外链板　　　内链板

将外链节的销钉穿过内链节的套筒，用外链节板从两侧将内链板夹住。用文字来说明会很繁琐，只要看一下照片就会明白了。

从外观上可以看到的仅有套筒和两侧的2种交错的链板。此外，公称代号为25、35的两种小尺寸链条中不含滚子，可以直接看到套筒。

链的大小用公称代号来表示，在25～240间共规定了13个规格。套筒滚子链的2根销轴间的距离称为节距，节距为3.175mm（1/8in）的整数倍。在这一倍数的后面附加上0（有套筒滚子的）、5（没有套筒滚子的）、1

104

▲3 排套筒滚子链

▲全长链节数为奇数时链条用的过渡链节

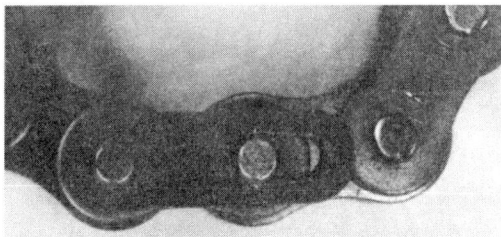

▲全长链节数为偶数的链条用的接头链节卡

（对于轻量形的）就是链条的公称代号。

公称代号 25 的链条，其节距为 6.25mm，没有套筒滚子（最小的链）；公称代号 40 的链，其节距为 76.20mm，有套筒滚子（最大）；公称代号 41 的链的链节距为 12.70mm，是轻量型。

将套筒滚子链外链节的销钉的长度延长，可以增加链的列数。如果使用一列（一根）强度不够时，不用增加链的尺寸（因此无需增大链轮），通过增加链列数就可以传递大的动力。这种链，在公称代号后加一个"—"，用其后的数字来表示列数。

套筒滚子链的长度用链的节数来表示。此外，还有用于将两端联接起来用的接头链节卡、过渡链节。链条全长为偶数节数时用接头链节卡，链条全长为奇数节数时用过渡链节。

链在使用中会出现"伸长"的问题。由于磨损，销钉和套筒间会出现间隙，一个销处的间隙增大 0.1mm，100 节的链的全长会增长 10mm。

▼左侧是新零件，右侧是受拉侧磨损后的样子

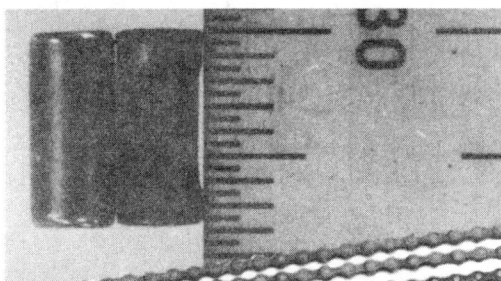

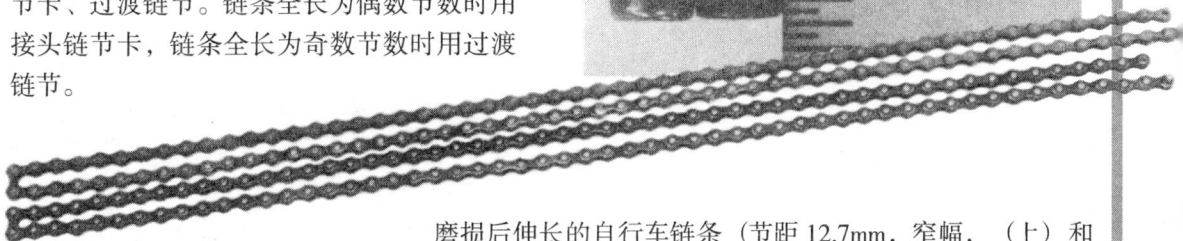

磨损后伸长的自行车链条（节距 12.7mm，窄幅，（上）和新品（下）的比较如图所示。图中将链条折二折放置，可见 108 节的链共约伸长了 3 节。此外，请将新旧销钉比较一下，可以发现旧的有一侧发生了磨损。

链轮

链轮的英文为 sprocket，是链条用齿轮的意思。由于这个词没有对应的日语，日文中使用音译来表示，并且因为在链轮的外周上布满齿，有人称其为"齿轮"。

链与链轮就像带与带轮的关系一样分不开，只有一方没法存在。因为链条传动必须要用链轮。在 JIS 中，既对链进行了规定，也对与之相应的链轮作了规定。但是对于链轮仅对其齿形作了规定，如图所示，看起来挺复杂的。

图中的尺寸均有相应的计算公式，代入数值即可算出。因与本书读者无关，省略掉了。

链轮的基本尺寸为：分度圆直径、齿顶圆直径、齿根圆直径、齿根间距离等，这些与读者也没有直接关系，因为标准链轮的尺寸都是在 JIS 中有规定的。

偶数齿链轮测量齿根圆直径，奇数齿的链轮测量齿根间距离，这能明白吧。

图中显示的是 S 形的齿形，此外还有一种 U 形的齿形。这种 U 形齿的齿距方向上留有间隙，相应的齿厚就小一些，肉眼是看不出来的。

下面来研究套筒滚子链用链轮的齿形。观察一下主动链轮卷上链条时的情况。

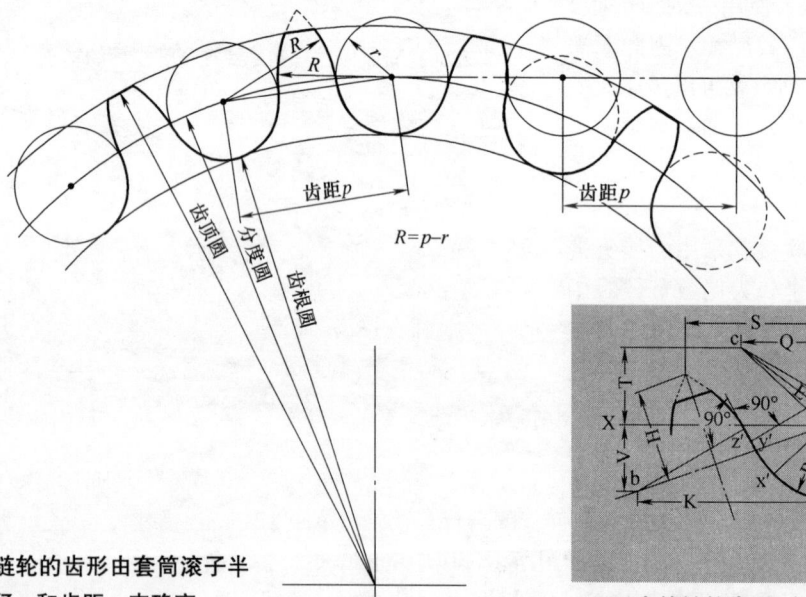

$R = p - r$

链轮的齿形由套筒滚子半径 r 和齿距 p 来确定

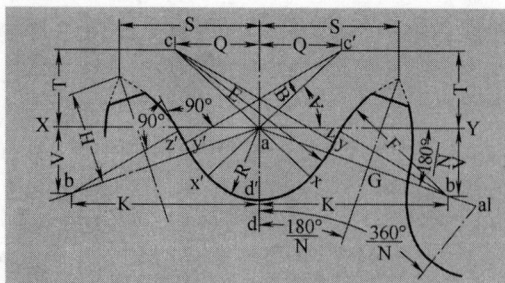

▲JIS 中的链轮齿形（S 齿形）

实际上一般链轮是转动的，反过来，使链轮不动链条卷上链轮，其相对运动都是一样的。以首先和链轮相啮合的滚子的中心为圆心、以齿距为半径的圆，也是后面一个滚子中心通过的圆。因此，以滚子中心通过的轨迹为基准，将距其距离为滚子半径的点连成线，就是齿形，分度圆内侧的齿形与滚子的半圆相同。

为了使滚子与链轮间不产生滑动，实际齿形面稍微偏内侧些。但是，因为齿数不同滚子的相对位置会变化，所以用图中的记号和公式来表示齿形。

▲上面是带轮毂的 B 型链轮，下面是 A 型链轮

链轮分为 A 型和 B 型，A 型链轮结构上只有一个链轮片，B 型链轮带有轮毂。

链和链轮传动的问题与带和带轮传动不同。

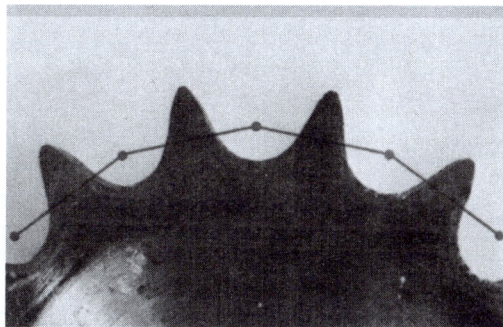

▲形成这样的多边形

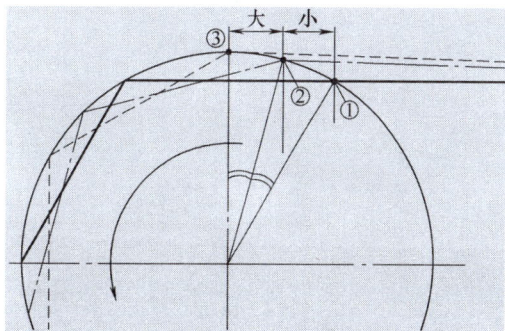

▲转角相同，但链条的前进量不同

如照片所示，当链绕在链轮后，形成一个以链的链节（连接销轴中心的线）为一边的多边形。这样，即使链轮恒速转动，链的速度也会有波动，不能恒速移动。

请看图，链轮与图中实线代表的链条在位置①啮合，牵引链条前进。在此位置，链条处于最下位置。随着链轮左转，牵引链从点画线②位置上升到短画线③的位置。

①、②、③表示出了链条销轴的位置。

①→②和②→③链轮的转角相同，所以时间也相同。但是，在①→②和②→③的这两段时间里，链条被牵引移动的距离不同。销轴越接近链轮顶部，销轴水平移动量越大，上下移动量越小。也就是，链条的速度在一个齿距间经历低速→高速→低速的周期性变化。

为了便于理解这种现象，图示中的链轮仅有6个齿，实际上这样少的齿的链轮是没有的。但是齿数增多，这种现象也是存在的。

离 合 器

在电气装置中必定有开关，用来接通或切断电流。离合器（clutch）是用来将动力（回转力矩）连接或切断用的零件。

在 JIS 中，离合器的定义是这样的：在同心轴上，用来将主动轴端的动力向从动端传递，或切断传动的零件。

离合器的形式分类见下表。

这些离合器的操纵方式有机械式、电气式、液（气）压式等。

机械式的操纵主要是通过操作杠杆、凸轮等进行，此外还必须保证机构在使用中不产生松动。电气式、液压式、气压式的便于远距离操作，可用在自动化装置中。特别是电气方式驱动的，只需增加配线和开关，使用最方便。

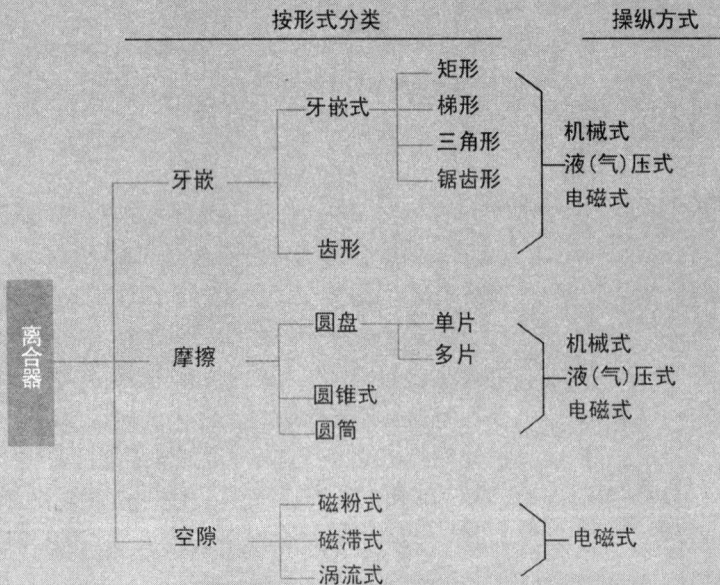

▲圆筒摩擦离合器

▲牙嵌离合器

按形式分类		操纵方式
牙嵌 — 牙嵌式 — 矩形 / 梯形 / 三角形 / 锯齿形		机械式 / 液（气）压式 / 电磁式
牙嵌 — 齿形		
摩擦 — 圆盘 — 单片 / 多片		机械式 / 液（气）压式 / 电磁式
摩擦 — 圆锥式 / 圆筒		
空隙 — 磁粉式 / 磁滞式 / 涡流式		电磁式

离合器

108

电磁离合器

之所以称为电磁离合器而不称为电气离合器，是因为离合器的从动件是由电磁铁来驱动的。电磁离合器的构造也有很多种。

按电磁铁线圈的供电方式分：有线圈和轴一起转动的；有线圈和轴分离，且线圈静止的。转动型的线圈需要滑环、电刷等，构造简单；线圈静止型的构造复杂，但是没有电刷等磨损零件，便于维护。

此外，还有电磁铁通电动作时，摩擦面接触受压，实现接合的离合器；另一种相反地摩擦面在弹簧压力作用下接触受压，离合器接合，电磁铁通电动作时切断的离合器。通电时离合器接合方式的称为励磁动作式，工作中电流持续接通，消耗电力多。

现在市场上出售的电磁离合器一般都是线圈静止、励磁动作式的。另外，电磁离合器的电源为直流，电压为12~90V的低电压。

典型的电磁离合器为湿式多片摩擦式的。除此之外，还有非摩擦式，也就是非接触的"空隙式"的。

这些非接触式离合器分为利用电磁铁将磁性粉体固化的磁粉离合器、利用磁性材料的磁滞特性的磁滞离合器和利用涡电流工作的涡流离合器，都是利用电气的离合器。除了磁粉离合器以外，它们都是利用电气摩擦原理来工作的。

给电线通电后，磁力线沿着磁轭→转子外周→摩擦片外周→衔铁→摩擦片内周→转子内周→磁轭的路径流动，在转子和衔铁间的摩擦片被压紧，依靠它们之间的摩擦力离合器实现联接。电流切断后磁力线消失，在弹簧的作用下衔铁离开。

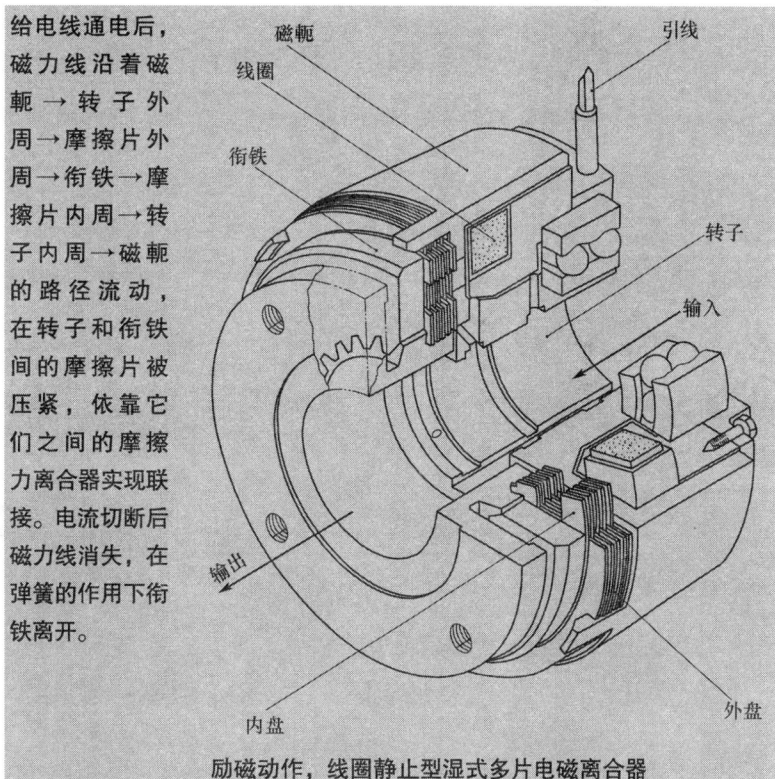

励磁动作，线圈静止型湿式多片电磁离合器

磁轭　引线　线圈　衔铁　转子　输入　输出　内盘　外盘

牙嵌离合器

市场上出售的有四个矩形牙的牙嵌离合器

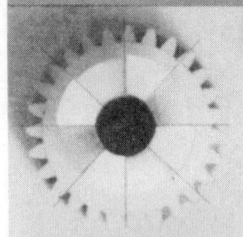

▲牙嵌离合器啮合面必位于通过中心的线上

主动轴端与从动轴端以相互咬合形式接合的离合器称为牙嵌离合器。

相互咬合的部分称为"牙"。牙的形状也有多种多样。从横向看，牙的形状一般有矩形的、梯形的、三角形的、锯齿形的等。

牙的数量、高度取决于传动转矩的大小、转速等。离合器的外径、内孔径等整体尺寸当然也与此因素有关。尽管标准离合器都是由专门的生产厂家单独制造、在市场上出售的，但是一般作为机械的一个部件，都是与其他部件一起制造的，这一页照片上的离合器大都如此。

▲轮船前进后退转换用的，有三个矩形牙的离合器

牙嵌离合器中，也有将牙的形状做成同齿轮一样齿形的。换言之，内齿与外齿互相啮合的离合器，称为齿轮式离合器。这种离合器常用于机床、汽车等高精度、高速传动的变速机构中。

此外，将三角形牙的尺寸缩小、数量增多而做成的离合器特别地称为"鼠牙离合器"，一般用于电磁式离合器中。这种离合器的尺寸可以做得小，常用在对温度上升敏感的数控机床等机械中。

牙嵌离合器的接合与脱离，特别是接合，原则上应该在回转停止条件下进行，矩形牙离合器就是这样。

在低速回转、小转矩的情况下，梯形、三角形牙的离合器在转动中也可进行接合、切断，在加工机床的进给机构中使用的离合器就是这样的。

从牙嵌合离合器的正面可以看出，牙的啮合面必定位于通过轴心的直线上，否则就不能实现正常啮合。达到这样精度的加工（分度）是比较困难的，高精度的离合器的精度与理论上高度精确的齿轮的精度相当。

▲数控加工机床上用的电磁牙嵌离合器

▲电磁牙嵌离合器的一种，每转中只在一处啮合

牙嵌合离合器传递转矩大、尺寸小，这是它的优点。

▲车床的进给切换用三角形牙的牙嵌离合器（低转速）

▲铣床工作台进给正反向切换用梯形牙的牙嵌离合器

摩擦离合器

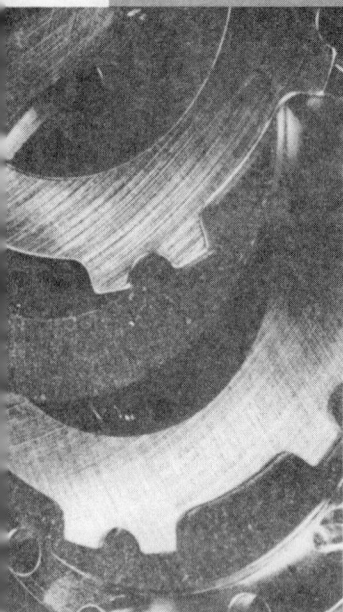

机械式多片摩擦离合器

▲多片离合器的摩擦片

在驱动轴侧和从动轴侧之间，依靠摩擦面间的摩擦传递动力或将摩擦面分离实现切断的离合器称为摩擦离合器。根据摩擦面的形状分为圆盘形、圆锥形、圆筒形三种形式。

圆盘离合器工作时圆盘相对压紧。有一个摩擦面的，也就是仅有一个圆盘被挤压的称为单片离合器；有两个摩擦面（多个）以上称为多片离合器。

单片离合器的构造简单，但是如果要传递大的转矩，外径就要很大。因此，这种离合器的使用受到传递转矩大小的限制。

如果传递力矩相同，那么多片离合器比单板离合器所需的径向尺寸小。通过增加摩

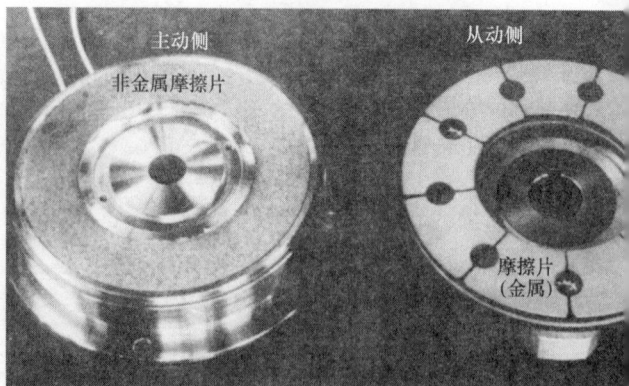

主动侧　从动侧
非金属摩擦片
摩擦片（金属）

▲干式单片电磁离合器的内部

擦片的数量，可以传递很大的转矩，但是多片离合器的结构复杂。

根据使用状态，摩擦圆盘离合器分为干式和湿式。干式离合器，顾名思义，在干燥的状态下工作，单片式多为这种类型。湿式离合器通常装在齿轮箱中工作，它的摩擦面通过润滑、冷却，以防止磨损、发热。

摩擦圆锥离合器是依靠圆锥体和母圆锥孔间的摩擦来传递动力的。摩擦圆锥离合器的圆锥角很重要。正如机床与安装工具用的锥柄与锥套一样，如圆锥角太小，由于楔形效应，离合器会无法分离。合适的圆锥角大小因摩擦面材质而变，大约在16°~29°范围。

摩擦圆筒离合器是将摩擦件压靠在圆筒的内圈、外圈来动作的离合器。

有一种离心离合器，驱动轴（一般为内燃机）低速转动时，在弹簧等力的作用下，摩擦件从圆筒的内摩擦面上脱离；随着转速的提高，当离心力大于弹簧力时，摩擦件压在圆筒的内摩擦面上，离合器自动实现接合。从形状上看这种离合器属于圆筒离合器。当驱动轴转速降低时，离合器自动切断实现分离。

即使摩擦离合器的摩擦面接触上也不能立即实现刚性连接，在摩擦面间的压力未达

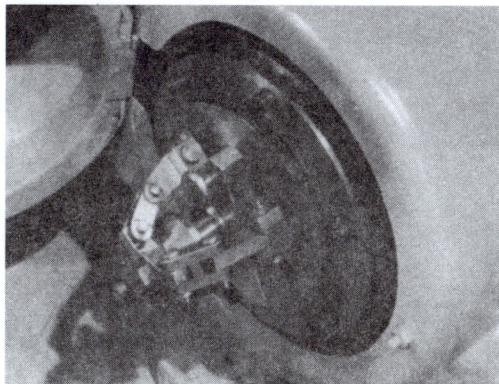

▲钢球后有推压弹簧。将从动侧推到主动侧就可实现接合

到一定值时，摩擦面间会产生滑动，在直到滑动消失为止的时间段内，渐渐实现完全接合传动。正因为如此，即使在主动轴转动的状态下也能进行接合。汽车驾驶中的半离合就是利用了这一原理。牙嵌离合器无此特性。显然同为摩擦型离合器，圆锥离合器几乎没有这种特性，它接近刚性冲击联接。

当所受转矩超过某一限度后，摩擦离合器会打滑，根据这一原理可以利用它起安全装置的作用。

此外，还有一种利用弹簧推压钢球，以钢球与传动件间的摩擦力来实现动力传递的接合与分离的机构，限于应用在传递的动力很小的场合。当输入的运动为摇摆运动时，为了实现单向传动，可以利用"单向离合器"。

▲圆筒离合器

▲单向超越离合器（可以看出此机构左转时实现接合）

制动器

制动器是用来使机械停止运动的。一般的机器，如果停止供给原动机能量——对电动机来说切断电源，对内燃机来说切断供给燃料——之后由于机械各零件间的摩擦阻力的作用，尽管时间长短可能不一样，最终都会停止运转。

但是，任凭机械自然的停止，虽然说不出有什么不妥，但在很多情况下会造成不便。首先对于载人机械，其他输送机械也是如此，如果不能在希望其停住的时刻和位置停住就麻烦

了。对于机床或其他机械，如果能在希望其停止的时候马上能停住，利于工作效率提高。

因此，为了使运转的机器立刻停止下来就需要制动器。

制动器通常是在回转体零件上施加作用力来制动的。原动机一般都作回转运动，在原动机或者其附近使用制动器制动，其后继的全部运动都会停止。如果能在原动机附近的回转体施加制动作用，从各方面来说都是最好的。

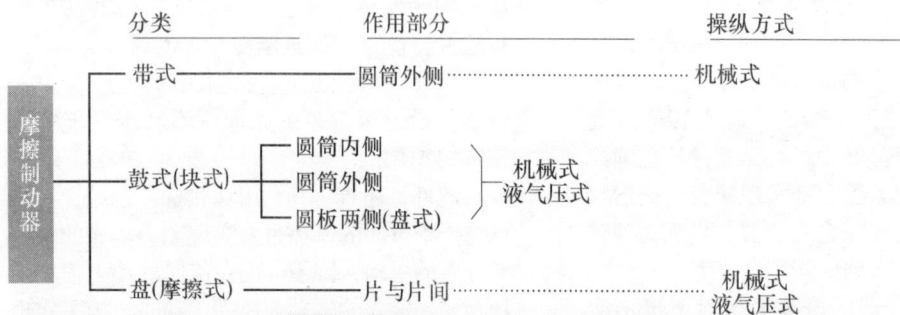

分类	作用部分	操纵方式
摩擦制动器 — 带式	圆筒外侧	机械式
鼓式(块式)	圆筒内侧 / 圆筒外侧 / 圆板两侧(盘式)	机械式 液气压式
盘(摩擦式)	片与片间	机械式 液气压式

▲车床的带式制动器，从圆筒的外周包住来产生制动

▲作用于圆筒内侧的内张开式车床的鼓式（块式）制动器

制动器几乎都是利用摩擦力来工作的，最近电磁制动器的应用增多了。

既然利用摩擦力制动，那么制动器上的摩擦片就应使用摩擦系数大的材料制造。材料摩擦能力的大小用摩擦系数来表示。摩擦力的大小由摩擦系数和加在摩擦材料摩擦面上的正压力来确定。

但是，并非是施加在摩擦材料上的力都是越大越好。如果摩擦面积很小，受力太大摩擦片会产生急剧摩损或者变形，甚至破坏。还是尽量采用大摩擦面。

因此，一般采用机构从外周将回转体包裹，或者从内侧胀开，或者从两侧将圆盘夹住。摩擦片也使用摩擦系数大的皮革、橡胶、树脂类材料来制造。

包裹在回转体外周的制动件一般呈带状（这样摩擦面积大），这样的制动器称为带式制动器；用摩擦块作用于回转体圆筒外侧或内侧或圆盘的侧面的制动器称为鼓式（块式）制动器。

在这些制动器中，一般都是用杠杆来施加作用力的。在此情况下，随着转动方向、杠杆的支点、作用点、加力点位置的变化，摩擦力会发生种种变化。

电磁制动器是电磁离合器的一种变形，有单片、多片等形式。电磁制动器与电磁离合器的不同之处仅在于，电磁离合器中与主动轴一起回转的零件在电磁制动器上是处于固定状态的。用电磁力将回转的从动侧部分压向固定部分，利用摩擦力使其停止。但是，与电磁离合器多为通电激励时动作相反，电磁制动器为无激励动作，即电流切断时，多数是依靠弹簧力使制动器动作的。这是出于停电时使制动器制动的安全方面的考虑。

◀电磁制动器

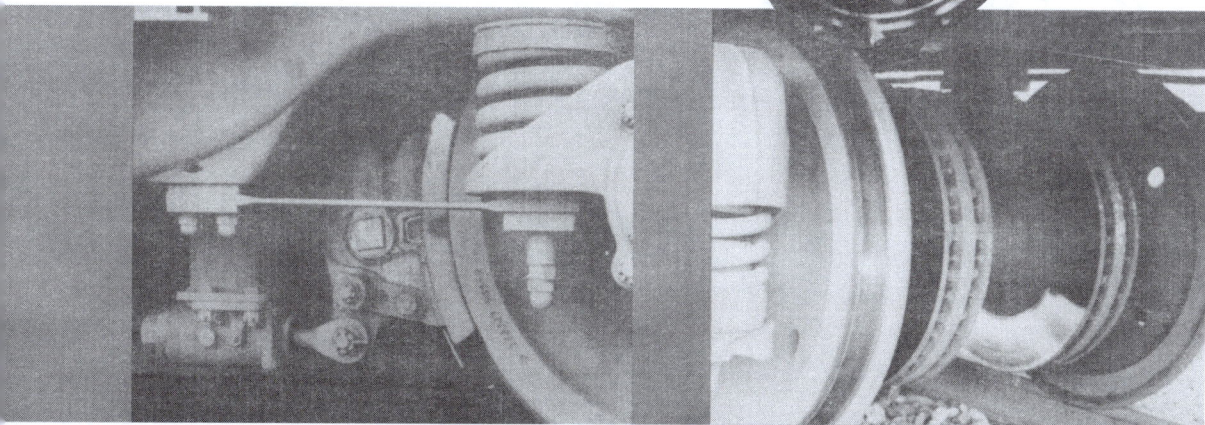

▲火车上的制动器，靠车轮外周制动

▲火车上的圆盘制动器，夹住圆盘的两侧制动

凸轮

日语中凸轮的名称采用英文凸轮 cam 的音译。凸轮机构可在传递动力的同时，将一种形式的运动转变为另一种形式的运动的。但只有凸轮，凸轮机构是无法工作的。所以除了凸轮之外，凸轮机构还必须有随凸轮运动的从动件（教科书中都这样介绍），通过从动件随凸轮的运动来实现运动变换，获得所需的运动形式。

凸轮机构（的原动件）一般都作转动运动。此转动运动通过不同形状的凸轮可以转化成运动时间、速度、位移等多种多样的往复（直线、摇动）的从动件运动。

粗略的分类见下表。这其中的共轭凸轮机构、圆锥凸轮机构、球面凸轮机构、斜面凸轮机构等书中虽有介绍，但实际上却很少见到。

如果凸轮机构主动件的运动速度为高速，或者受力很大时，凸轮从动件就不能正确追随凸轮运动。为此，为确保从动件正确运动，用凸轮从从动件的两侧将其夹住，使从动件在返回行程也能准确地运动。这种凸轮机构称为确动凸轮机构。

凸轮的种类

平面凸轮
- 盘形凸轮
- 沟槽凸轮
- 移动凸轮
- 共轭凸轮

空间凸轮
- 圆柱凸轮
- 端面凸轮
- 圆锥凸轮
- 球面凸轮
- 斜面凸轮

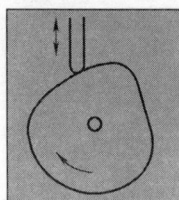

盘形凸轮

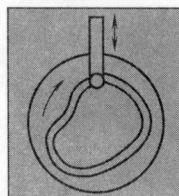

沟槽凸轮（轮动）

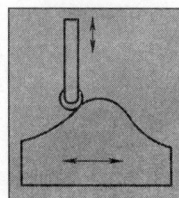

移动凸轮

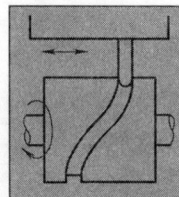

圆柱凸轮（转动）

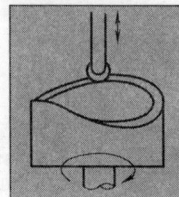

端面凸轮

116

●T 形槽·手轮·弹簧·油封·O 形橡胶密封圈·V 形密封圈·电动机

其他零件

▲T 形槽 T 应用在很多地方

T 形槽

▲T 形槽的间距与公称尺寸。在 T 形槽的底部切削痕迹的宽度接近于公称尺寸

在加工机床的工作台类部件上，常见到这种 T 形槽。它们被用于安装固定被加工零件、分度盘等附属部件。

因槽的断面成 T 字形（倒 T 形）而名。英文称 T slot，slot 为细长槽之意。加工 T 形槽的刀具称为 T 形槽铣刀。

利用 T 形槽固定其他零件时还需要使用 T 形螺栓、T 形螺母（10 页、14 页）。因此，在 T 形槽、T 形槽用螺栓、T 形槽用螺母之间，若没有一定的尺寸关系就会出现问题。因此，对应于 T 形槽的公称尺寸，其各部分的尺寸与间距都有标准规定。

以 T 形槽上部开口的尺寸作为公称尺寸，在 5~54mm 之间，分为 17 挡。

T 形槽中最重要的尺寸是槽的宽度，它是公称尺寸的基础，这个尺寸称为基准尺寸。根据这一尺寸的精度 T 形槽分为 1~4 级。在铣床上，只要将分度盘下面的键嵌入到工作台上的 T 形槽中，就可以基本上保证台钳口的平行、垂直。为了实现此目的，当

118

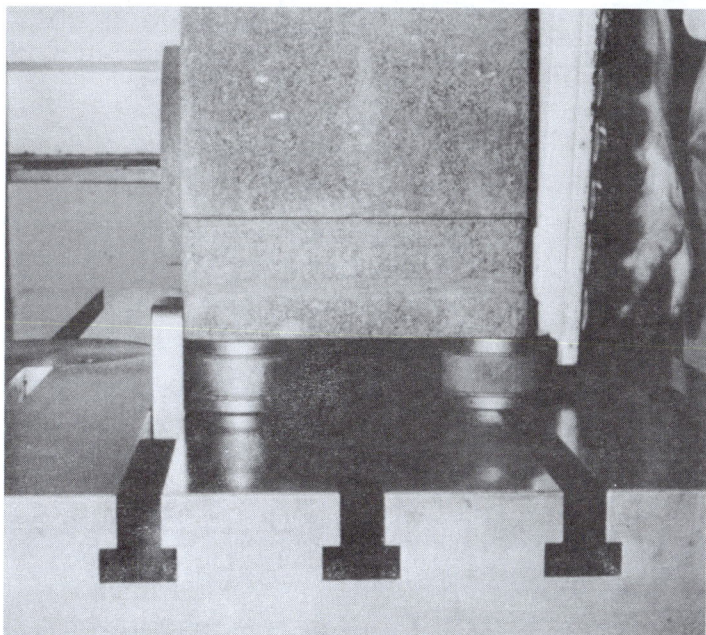

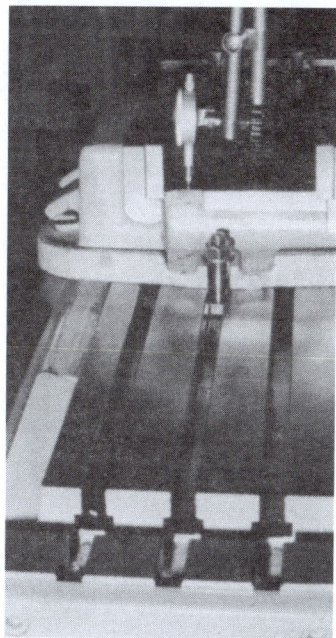

▲ 只须将台钳下面所带的键嵌入到铣床工作台上的T形槽中，就可保证钳口的平行度、垂直度达到一定要求，否则就会出现问题了

然要保证T形槽基准尺寸有较高的精度。

其他部件的尺寸没那么严格的要求。此外，在槽的底部中央，即使残留着接近基准尺寸宽度的切削迹也没有关系。因为用刨刀或指形铣刀加工时将底部再切削去一些，可以减轻强度比较弱的T形槽铣刀的负担。

另外，关于T形槽的间距也有相应的JIS规定。

T形槽的间距以等距的T形槽中心间的距离来表示。

并且，与公称尺寸对应，对于间距也分别规定了

▲ 在卧式镗床的回转工作台的T形槽中嵌入了定位用的铁块，以此作为高精度加工基准

3种参考值。

如果测量一下实物就会明白的以上的规定。并且其间距的公差也分为精、中、粗三级。

此外，对应于T形槽的长度，对其直线度、平行度，也按精度级、普通级给出了各个参数值的参考值。关于这些数值，掌握自己实际使用的机械设备的精度数值很重要。

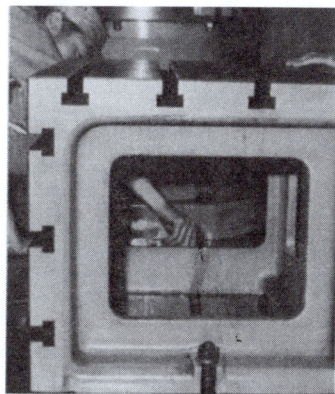

▲ 摇臂钻床工作台的前侧面上也有T形槽

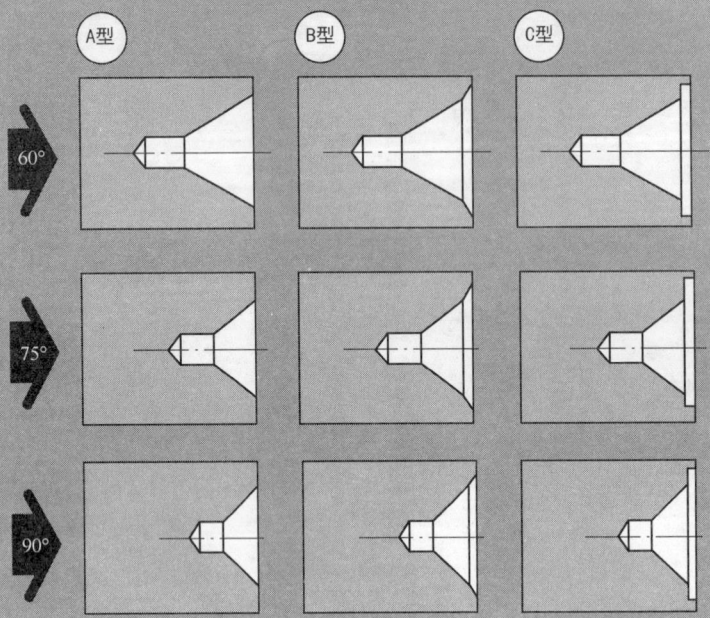

A型　　　　　B型　　　　　C型

60°

75°

90°

▲除了以上各种类型的中心孔外还有 **R** 形的（JIS）

中心孔

将机加工用的中心孔也包含在机械零件的分类中有些不可思议吧。但是，中心孔不仅仅是加工用的。中心孔在维修时也是必须有的，维修从广义上说也属于加工。因此，零件加工完之后，中心孔也并非就是可有可无。例如铁道车辆的车轮、车轴等维修时，需用车轴上的中心孔来支撑定位。对轧机的轧辊再次研磨时也是如此。这时，如果将中心孔随便除去了就麻烦了。中心孔是轴类零件的重要元素。

中心孔也在 JIS 中有规定。首先是中心孔的角度，分为 60°、75°、90° 三种，其中 60° 用得最多。若无特殊说明、要求，可以将中心孔理解为 60° 的。事实上，车床、外圆磨床、铣床分度盘的

▲60°A 型中心孔

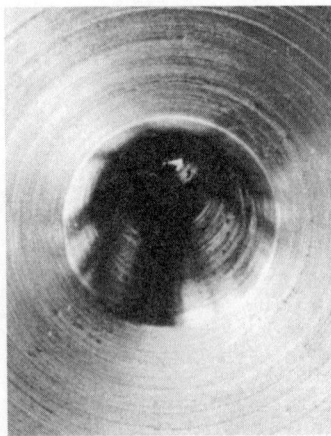

▲60°B 型（倒角型）的中心孔

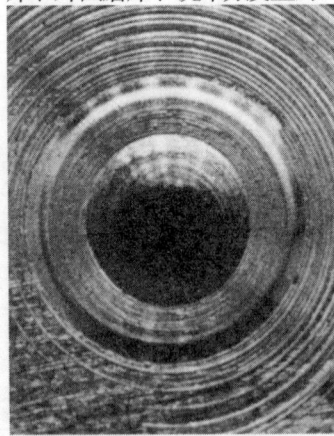

▲60°C 型（沉孔型）的中心孔

中心孔都是 60° 的。在"加工机床中心孔"、"超硬中心孔"、"回转中心孔"的 JIS 标准中，中心孔的角度也都是 60° 的。

70°、90° 的中心孔用于重量大的零件。因为用尖细的 60° 顶尖支撑重量大的零件时，强度不足，支撑不住。

这些中心孔都分为 A 型、B 型、C 型和 R 型 4 种类型。

A 型的锥面和零件的端面直接相连，因此当过渡连接部分被碰伤（变形）后，这个中心孔就会失去作用。

为了消除 A 型的不足，也为了保护中心孔的锥面，B 型（倒角型）和 C 型（沉孔型）分别从端面倒角 120° 或用沉孔使其凹进一定深度。

R 型则顾及了两中心孔很难完全同轴的实际情况。

在中心孔的底部（里面）

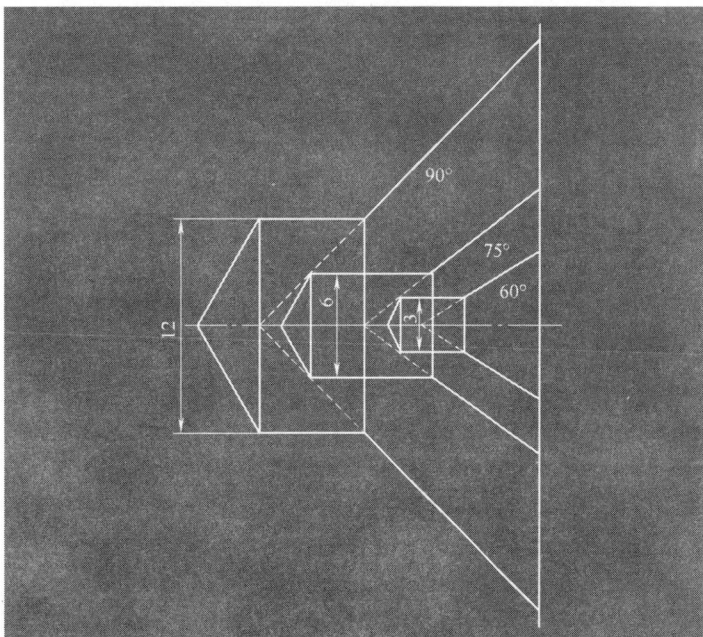

▲60°、70°、90° 三种中心孔重叠后的图形（3、6、12 分别为公称直径）

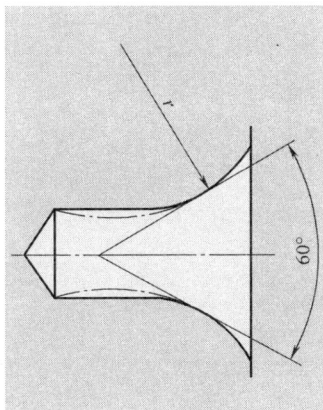

▲R 型中心孔的形状

必须有平行的圆柱孔，除了有储存润滑油的作用之外，还会起到避免与顶尖尖部干涉的作用，其深度不可太浅。

中心孔是以其底部的圆柱孔直径作为公称尺寸的。60°、75°、90° 的中心孔分别有几种公称规格，对应于每一规格各部分的尺寸是有标准的。

对应于这些中心孔，中心孔钻头也有标准规格。使用标准规格的钻头就可以加工出合乎标准要求的中心孔。但是，由于顶点尖端要有防干涉的深度，中心孔钻头的长度要比中心孔的圆柱孔部分的深度大，这是考虑到钻头的头部研磨后会变短预先留的余量。因为中心孔的这一部分并不直接工作，因此可以"大兼小"但是实际上可修磨的余量不多，也不能多次研磨，重复使用。

经常要用的加工小中心孔的中心孔钻一般都常备，但是不常用的大中心孔加工用的中心孔钻不一定常备，需要用时，可用普通钻头钻出底孔，再用 60°、75°、90°、120° 的倒角铣刀加工出锥孔和倒角，C 型的沉孔可用锪孔刀加工。

121

▼非标手轮，将手轮的手柄侧加厚，当离合器与传动轴分离后，手柄必定位于下端

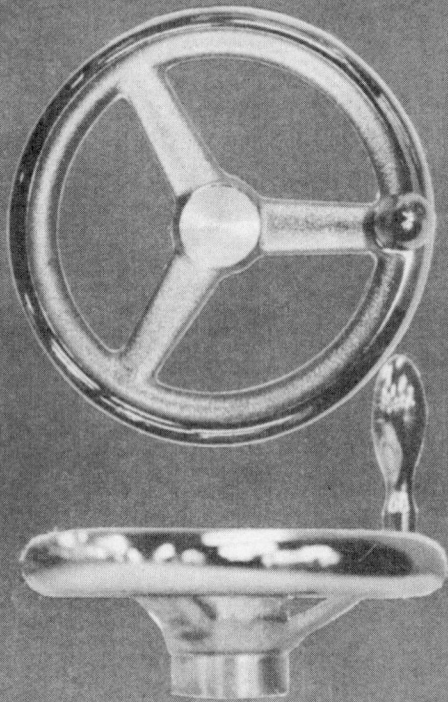

▲1 号手轮（平面形）的正面和 2—1 号手轮（浅喇叭形）的侧面

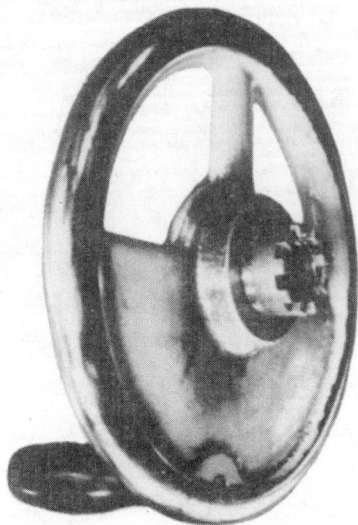

手轮等操作件

在日语中，很多东西的名称都使用英语 handle 的音译，但其在很多使用场合的含义与英语 handle 的意思不同。

相关的机械零件，在 JIS 中有手轮、摇把、手柄 3 种。

这些零件一般都用 handle 音译来命名，没有严格的区分。虽没必要去认真分辨，但是这样的零件也有相应的 JIS，下面介绍。

首先介绍手轮。手轮分为 1~6 号，以手轮外径作为公称尺寸。手轮上的孔，有的为方形，有的为圆形。圆孔的带有键槽，并且辐条数及轮毂孔、辐条、轮缘等各部件的尺寸也都是有标准规定的。

手轮的材料一般为灰口铸铁（FC20）或白口可锻铁（FCMB28）。

1、2—1、2—2 这三种主要用于机械设备上，4~6 号多用于阀门上。针对这种零件制定的 JIS 只是适用于大量生产的阀。机械上用的手轮是很早就有的，丝毫也不稀奇。

1 号为平面形，2 号为喇叭形。其中 2-1 是浅喇叭形，2-2 是深喇叭形。最近在外观要求较高的机器上，已经不用这样的零件，所以已是不重要的零件。

然后介绍摇把。摇把的形状不是轮形的，分为 1 ~ 4 号 4 种，1 号、2 号用合金结构钢（S20C）制造，3 号、4 号用 S20C 或 FCMB28 制造，这些零件都很常见。

最后介绍手柄。手柄也

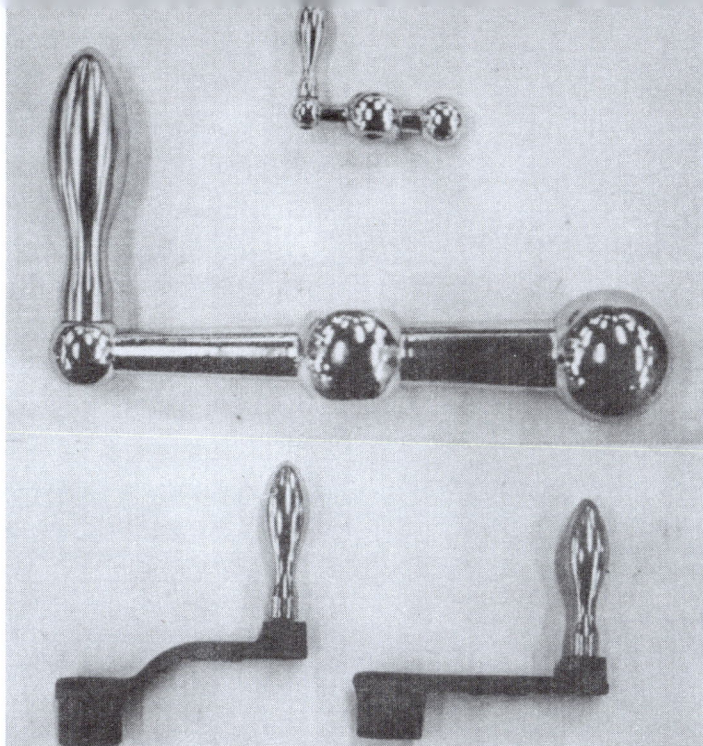

▲上：2号摇把的公称尺寸（回转半径）为20（上）和公称尺寸80
的（中），下右：3号，下左：4号

▲非标准摇把

有1~4号4种规格，1号、2号主要是装在手轮上用的。

手柄握住的部位分为不动的和可转动的。

3号、4号分别是用于把握的手柄球、把手，有的是用塑料制造的。

这些手轮、摇把、手柄，尽管在JIS中有规定，但是因为只有它们的安装部分要与其他零件配合，只要配合处合乎标准，至于外观无论怎样都没有关系。

也正因为如此，JIS的标准件实际使用的并不多。

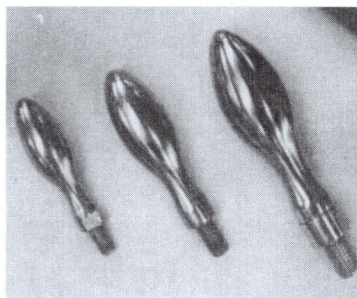

▲2号手柄。中为固定型，两端为转动型

▲4号把手

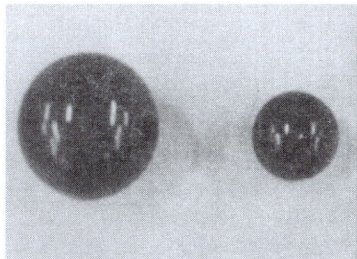

▲3号手柄球

▲装有3号手柄球的手柄

123

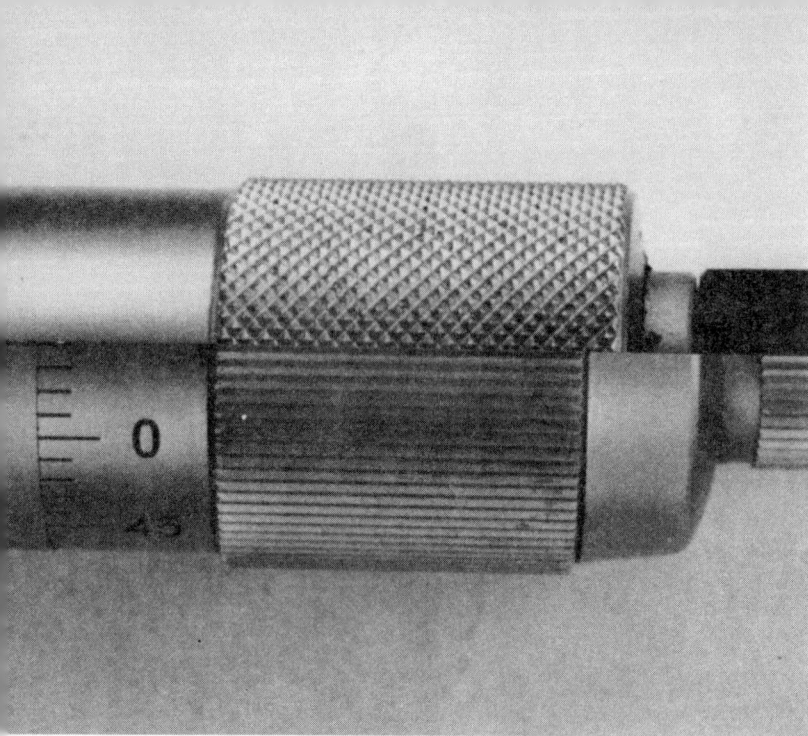

▲十字滚花纹（上）和平滚花纹（F）

滚花

滚花使用在把手、手柄等使用者手常接触的地方。此外，内六角螺栓（10页）的头部也是经过滚花的。

滚花分为平纹和十字花纹两种。对于滚花的模数 m 规定了 0.2mm、 0.3mm、 0.5mm 共 3 种，据此图所示也对其他各个部分的尺寸做出了规定。

模数 m 等于齿轮的分度圆直径除以齿数，是用来表示齿的大小的。

滚花纹也是出于同样的考虑的。如图所示，对被加工件的直径假定为无限大时的滚花纹槽的横截面尺寸进行了规定。

尽管做了如此规定，实际上滚花纹的尺寸大多不标准，除了技术要求非常严格的情况之外，一般只要压出了一定程度的高低不平就可以了。

滚花纹除了大量生产时之外，都是用车床加工的。在 JIS 中虽对滚花纹做了规定，但是 JIS 中却没有对加工滚花纹的工具作出规定，这里存在疏漏。

所以一般只要达到 JIS 规定的模数（近似）就可以了。

滚花加工中有一个一直存在的问题。

这个问题是：直径×圆周率所得的圆周长为非整数，用齿的尺寸固定的滚花工具

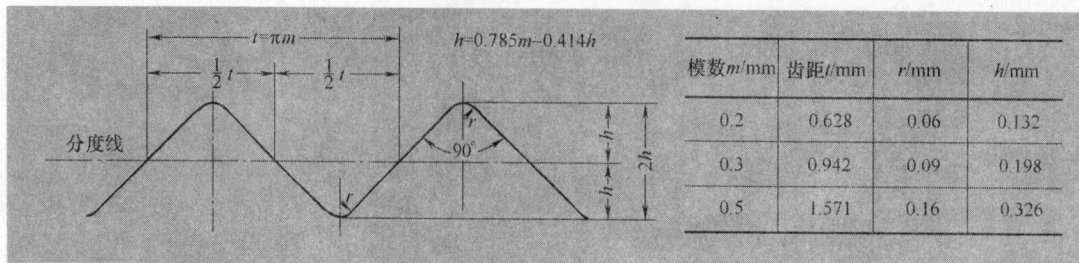

模数m/mm	齿距t/mm	r/mm	h/mm
0.2	0.628	0.06	0.132
0.3	0.942	0.09	0.198
0.5	1.571	0.16	0.326

▲滚花纹的尺寸与形状

在被加工件表面滚花时，怎么能滚压出完整的整数个齿来呢？

滚压工具的回转部分与轴之间是有间隙的。由于这个间隙的存在，回转部分能够前后移动，不就像切削齿轮时的变位一样吗？用同样的滚压工具对不同直径的被加工件进行滚花加工，数一数牙数，准确地量一下每个齿的大小不就可以明白了。

但是，为了避免齿数不是整数，可以事前计算出被加工件的直径。

● 平纹

被滚花件直径 = 整数 × m

● 花纹

被滚花件直径 = 整数 × $\cos 30° m$

选取整数时，只要能使被加工件的直径近似等于所需的直径，任何整数都可以。

例如：整数取 50，乘以模数 0.5/cos30°=0.577 的结果为 28.85，得到的就是滚花手柄的直径。滚平纹时不会像滚花纹时一样，被加工件的尺寸一定是整数。

起重用卸扣、绳索用套环、吊钩

下面介绍一下与绳索相关的几个零件。虽然它们和机械工人没有直接关系，但是这是一般工厂都有的零件。

照片中的起重用卸扣，英文名称为 shackle。按其主体的形状分为环扣 B 型和直环扣 S 型两类型；按其附带的螺栓或销钉的形式分为使用平头销的 A 型，六角螺栓的 B 型，吊环螺钉的 C 型、D 型。将两种记号组合在一起称为 BA 型、SC 型等。

▲一般起重用锻造卸扣 SC 型

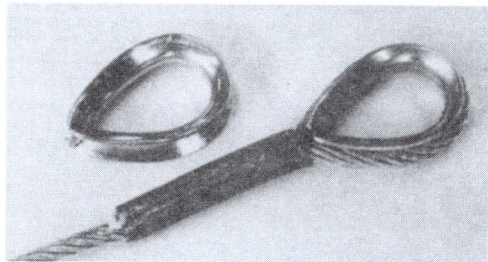
▲装在钢丝绳上的 A 型钢丝绳索用套环

绳索用套环是将绳子套在环钩或钩子上时用来保护绳子的。A 型、B 型用于钢丝绳，C 型、D 型用于麻绳上。

用于起重机、卷扬机、链式葫芦、滑轮上的吊钩，按使用荷重与试验荷重的比值分为：比值为 2 的一种 H 型和比值为 15 的另一种 B 型两种类型。

这些零件的各部分尺寸都是标准的，数字省略。

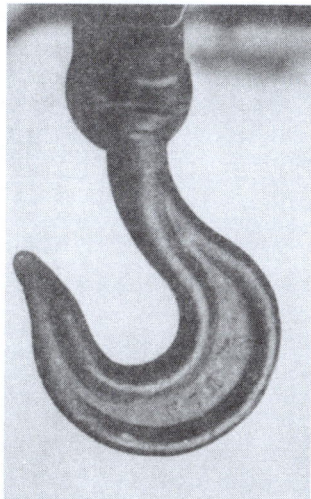
▲吊钩

弹　簧

火车底盘上的螺旋弹簧

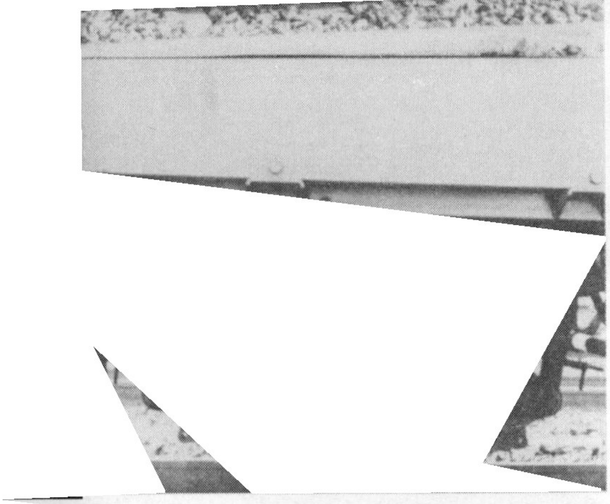

货物列车上的板簧

千分尺上的压缩螺旋弹簧

电车导电弓上的拉伸螺旋弹簧

　　以利用物体的弹性或变形蓄积的能量等为主要目的的机械零件称为弹簧，这是 JIS 对弹簧这一术语的定义，有些难懂。那么弹簧都使用在什么地方呢?

　　所谓"以利用……为主要目的……"中的"用于什么"是非常重要的。弹簧常用于振动·冲击的缓和、加载（代替载荷）、载荷·重量的测定、蓄能等。

1

　　用弹簧来进行振动·冲击的缓和的典型代表例子是车辆底座上的减振装置。从重型机车到很轻的婴儿车中都装有减震弹簧。钢铁厂里加工轧辊的大型磨床，其巨大的基础整体都是支撑在弹簧上的，以防止外部振动传给机床。

2

　　用弹簧来"加载（代替载荷）"在狭义的机械上应用的最多。弹簧一般用于在机械上长期施加拉伸载荷或压缩载荷，也就是始终使之处于受拉或受压状态。

在瑞士式自动车床上，正是由于弹簧的拉力作用，才使得从动杆始终和凸轮相接触来控制刀具进给与后退的。锁住操作杆的钢球也是由内部的弹簧顶出的。千分尺的测量头也是在内部弹簧的拉力作用下才能总是保持伸出状态的。电车上的导电弓也是在弹簧的拉力作用下才能始终压在电线上的。

3

弹簧秤是利用弹簧来进行载荷·重量的测定的典型例子，用于重量的测定。板式定扭力扳手是用来测定板（板弹簧的一种）的挠度大小，即通过测定扭矩来控制螺栓的紧固力的。

4

钟表、自鸣器、玩具等上使用的涡卷盘式弹簧是利用弹簧蓄能的代表例子，都是用手工将涡卷盘式弹簧卷紧，将能量蓄积起来的。在将钢卷尺拉出时，卷尺内部的涡卷盘式弹簧受到拉力作用，将能量蓄积起来，再在此能量的作用下，将卷尺缩回到卷尺盒中。

为达到上述这些应用目的，弹簧需要变形，按照弹簧变形的形式可将其分别称为拉伸弹簧、压缩弹簧、扭转弹簧等。此外还有各种各样没有定义、术语（或者是难以定义，难以确定术语）的变形形式的弹簧。

扭力扳手（板弹簧）

台式弹簧秤上的螺旋弹簧

闹钟上的涡卷弹簧

锻造车间使用的弹簧锤

弹簧的形状

▲压缩螺旋弹簧

▲圆锥螺旋弹簧（压缩）

▲扭转螺旋弹簧

▲涡卷弹簧（2个连在一起）

▲涡卷盘式弹簧

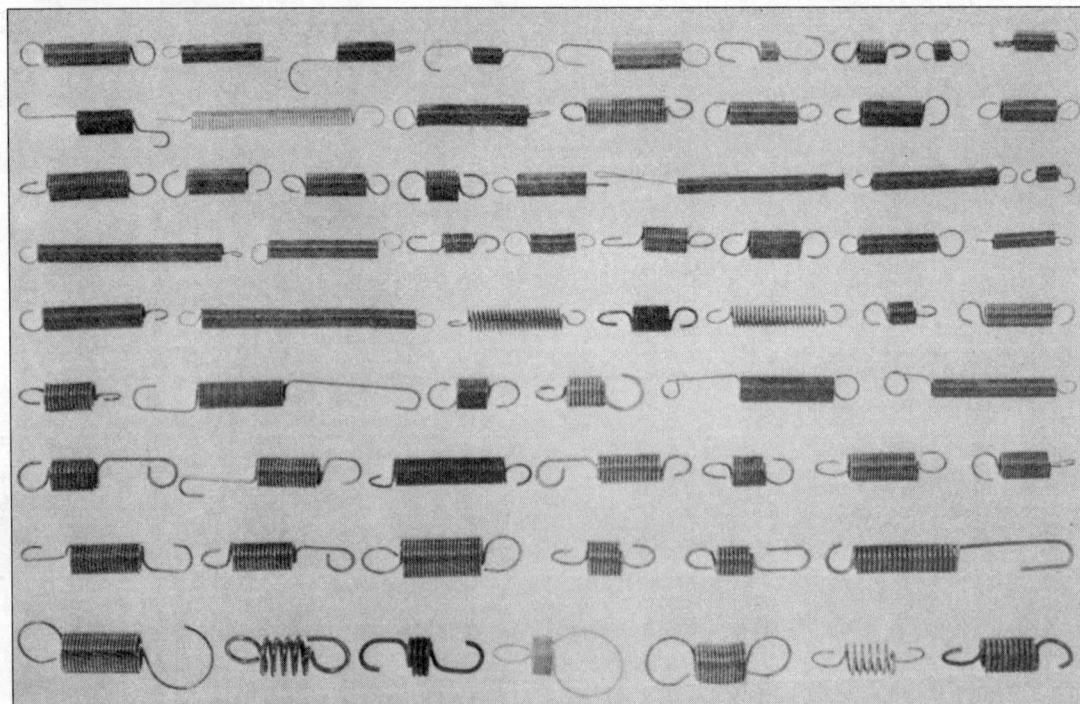

▲各种各样的拉伸螺旋弹簧，两端钩子的形状也是各种各样的

本页按弹簧的形状对其进行试分类。

螺旋弹簧是最普通的一种，是由线材卷制成螺旋状而制成的。线材的材料、粗细、螺旋半径的大小、圈数的多少、螺旋每圈的间距的大小的不同，弹簧的特性将发生不同的变化。

另外除了标准的圆筒螺旋弹簧以外，还有圆锥螺旋弹簧、鼓形螺旋弹簧、桶形螺旋弹簧等。

常用的螺旋弹簧有压缩弹簧、拉伸弹簧、扭转弹簧。压缩螺旋弹簧的两端大多做成平面，称为端圈并紧型。除此以外还有端圈不并紧型、尾部为切向形、尾部为猪尾巴形等。

拉伸弹簧的两端带有用于与其他零件连接的钩子，按其形状分为：半圆钩环、圆钩环、圆钩环压中心、偏心圆钩环、U形钩环、可调式钩环、方形钩环等种类。

扭转弹簧的端部承受扭力的部分，根据其对应零件形状的不同，其形状也是多种多样的。

涡卷盘式弹簧是在水平面内卷成螺旋状的弹簧，大都是用板材卷制的，也有用线材卷制的。一般都使涡卷承受拉的载荷。

涡卷弹簧是用带材卷成竹笋状的弹簧，属于压缩弹簧。有的涡卷弹簧的形状犹如两根底部对接起来的竹笋。

重叠板弹簧形如其名，是由板弹簧叠在一起形成的，广泛应用于火车，汽车等上。其既非承受拉伸也非承受压缩载荷，而是承受弯曲载荷。

此外，还有仅用一块板或一根线材做成

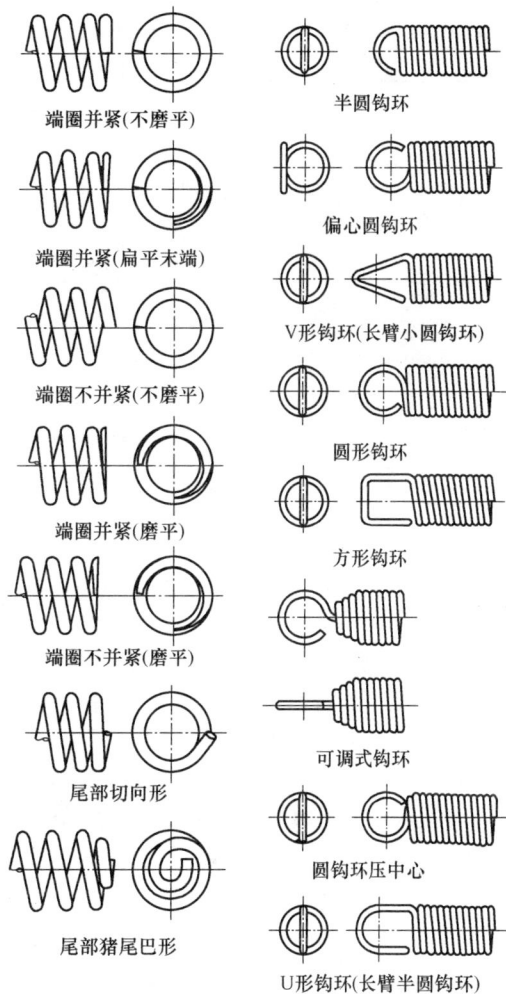

端圈并紧(不磨平)

端圈并紧(扁平末端)

端圈不并紧(不磨平)

端圈并紧(磨平)

端圈不并紧(磨平)

尾部切向形

尾部猪尾巴形

半圆钩环

偏心圆钩环

V形钩环(长臂小圆钩环)

圆形钩环

方形钩环

可调式钩环

圆钩环压中心

U形钩环(长臂半圆钩环)

▲压缩弹簧的端部（左）与拉伸弹簧钩的形状

的弹簧。这样的弹簧很多，它们主要用在轻工机械上。

制造弹簧的材料主要是弹簧钢。此外，螺旋弹簧根据其用途的不同也可采用硬钢线、钢琴弦线、不锈钢线、黄铜线、镍铜锌合金线、铅铜线等来制造。

油封

▲公称尺寸为 100（大）和 30（小）的 S 型油封

日文中油封的发音来自英文 oil seal，oil seal 本意是用来封存油的装置。但是，油封是多用于轴的周围的零件，用来防止油或油脂流出。

在 JIS 中对下表中的 9 种油封做了规定。

表中所示的是油封的横截面的照片，照片中黑色的部分为橡胶，白色的部分为金属。

来看一下外围是橡胶里侧有弹簧的 S 型油封。这个密封的下面的部分称为唇，唇的下端在橡胶和弹簧的作用下被压在轴上，油封的外圈嵌在箱体中。唇部防止轴上的油泄露，外圈也可以防止油泄漏。照片的左侧为被密封的对象（油）的来油方向，因此，安装时应从右向左套上。

将 S 型上再增加一个唇（照片上右侧的小唇），用来防止外面的灰尘等进入，这就成了 D 型。左侧的唇称为主唇，右侧的防尘唇称为副唇，副唇仅靠橡胶的弹性压在轴上。

将 S 型中的弹簧去掉就成了 G 型，G 型用于对左侧的介质进行要求不高的密封。

使外周的金属直接露出在外并使之与箱体完全配合的油封，见表，在其标记的后面加后缀 M。前述的油封的金属与橡胶是一体成形的，这种油封的橡胶与金属部分是分别成形的。这种油封再与 1 ~ 2 件金属件组合成的油封，其标记上加后缀 A 字。

油封中的唇部是最重要的部分。随油封断面的形状和橡胶的材质而不同，唇部的尖端的 0.2 ~ 1mm 与轴相接触。因此，对于橡胶的性质要求很严，例如对耐油性、耐热性、耐磨性、耐塞性等的要求，制造厂进行了各种各样的试验研究。

在 JIS 中对轴径为 7 ~ 500mm 的轴用油封进行了规定。油封的公称尺寸为轴的直径，并且按种类记号、内径、外径、宽度、橡胶材料的顺序进行标记。

除此之外还有机械密封。顾名思义，即利用机械方式进行的密封。它是通过金属制的密封环与从动环的端面（称为密封面）的互相接触来实现密封的，随着密封端面的磨损，从动环轴向移动，密封环不动。当然，从动环的背面有弹性件压着。基本的构造就是这样，但由于制造厂不同，具体的构造也是多种多样，其使用寿命至少为一年。

●9 种油封 JIS

	↓外周橡胶	↓外周金属	↓装配型
↓有弹簧	S 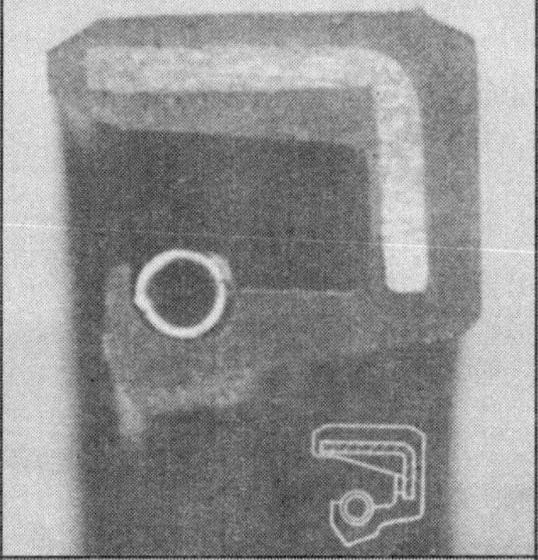	SM 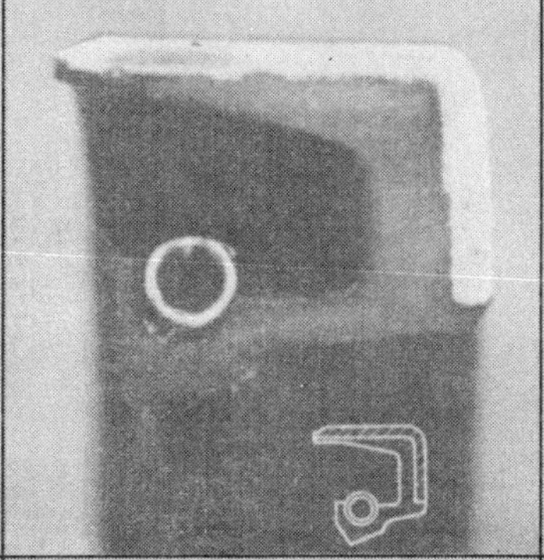	SA 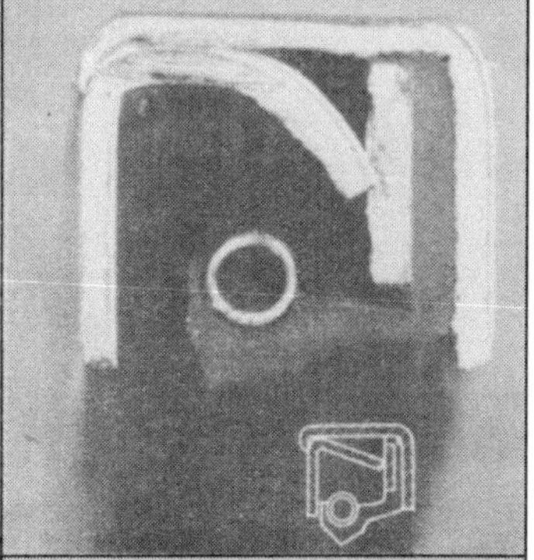
↓无弹簧	G 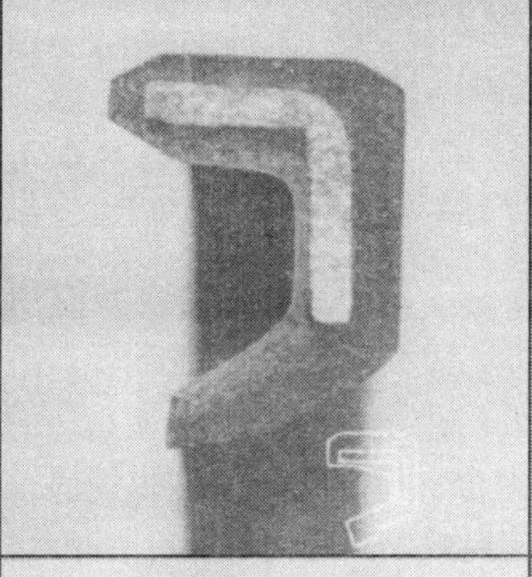	GM 	GA 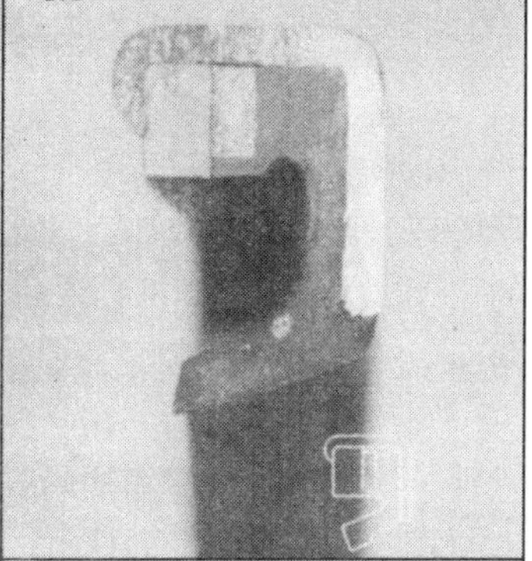
↓有弹簧·带防尘唇	D 	DM 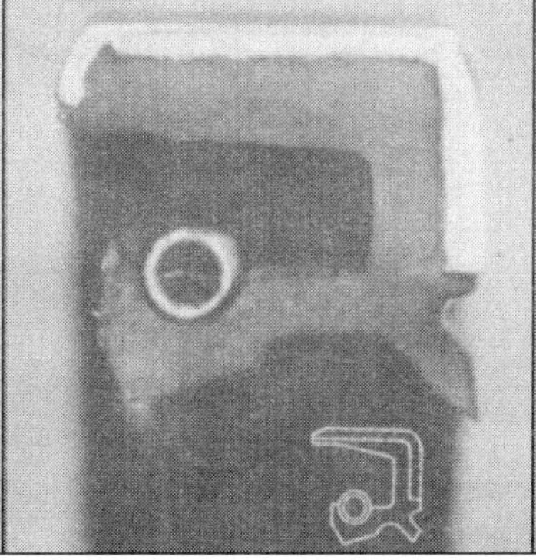	DA 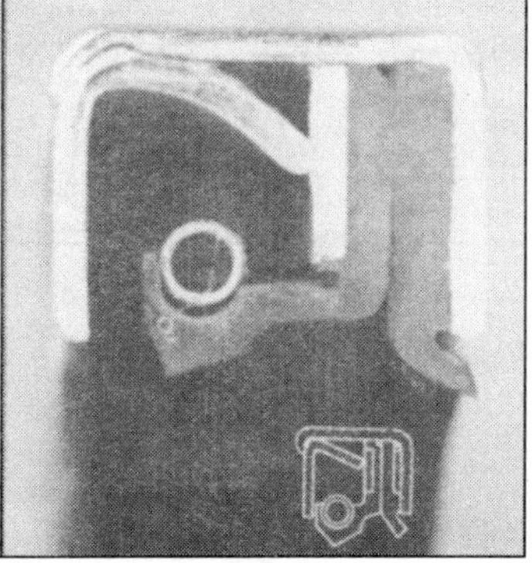

131

O 形橡胶密封圈

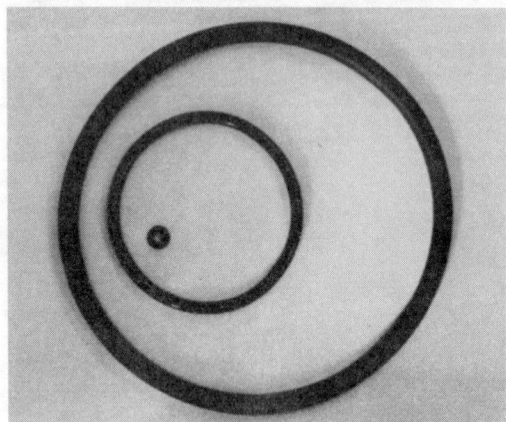

▲O 形圈的大小，1 类 A 型的 P3、P50、P100 密封圈

O 形密封圈，顾名思义，是形状为 O 字形的环，用于密封气体、液体，防止其泄漏的零件。O 形密封圈由特殊的橡胶材料制成，断面呈照片所示的圆形。

按照制造材料的不同，O 形密封圈分为六种。第一类是耐矿物油的，按照硬度该类密封圈又分为 A 型（HS70）、B 型（HS90）两种；第二类是耐汽油的；第三类是耐动植物油的；第四类是耐热的，按照耐热温度不同分为 C 型、D 型两种。

此外，按照用途分为运动用（P）、固定用（G）和真空法兰用（V）3 种，这些密封圈，按材料、用途又有各种尺寸规格，从外观上是完全无法区分的。但是，可从其使用的地方，明白其使用方法的。O 形圈是以用途代号加上轴径尺寸来标记的。

O 形密封圈并不使用在有回转运动的场合，而是使用有轴向运动（直线运动）的场合。最多使用在液压缸、气缸上，P 型种的 A 型、B 型用的最多。

◀O 形圈的横截面

O 形密封圈装入槽内后，受到内外侧零件的挤压，圆形断面被挤压变形，从而起到密封的效果。如果压力高，O 形密封圈会发生如图所示的移动、变形。正因为如此，内外两个零件间的间隙大小、它们与密封圈的配合、槽的宽度、槽内的表面粗糙度等，对密封效果、使用寿命都有很大影响。关于这些，JIS 中都有规定，制造图样上也都应该有说明，请注意。

再者，为防止高压下 O 形圈发生变形、挤出，还配合使用挡环。这种挡环是用四氟

低压　　　　70kg/cm²左右　　　　100kg/cm²左右

压力　　　压力　　　挤出

▲高压下 O 形密封圈的变形、移位

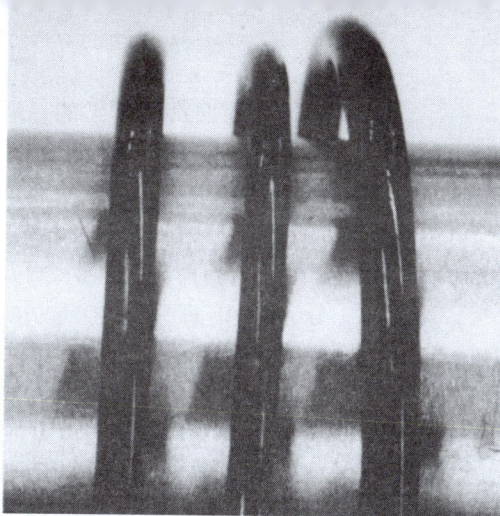

▲不同用途的 O 形密封圈，左起 P50，G50，V55

▲O 形圈的识别颜色（很遗憾不是彩色的）

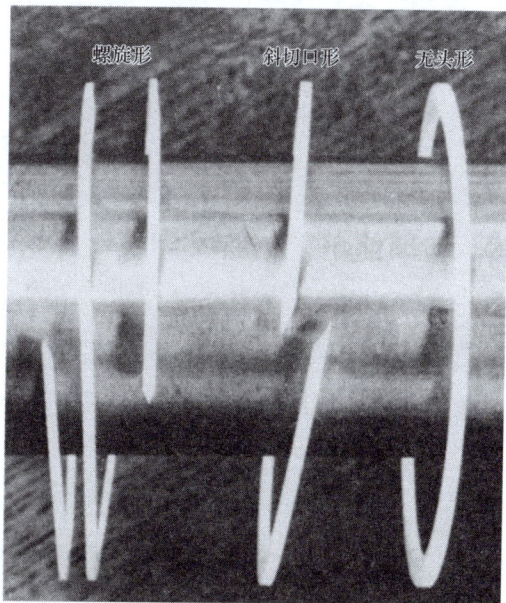

化乙烯树脂制造的。O 形圈两侧受压时，在 O 形圈两侧放入挡环；仅一侧受压时，在 O 形圈对侧放入挡环。按照挡环的形状分为螺旋形、斜切口形、无头形。一般采用最常用的是安装容易的螺旋形。

O 形圈根据外观很难区分，为此，通过涂上颜色来对各种各样的材料加以区分。如照片所示，1 类 A 型密封圈涂上 1 点青色，1 类 B 型点青色，4 类 C 型无识别色，4 类 D 型涂上 1 点绿色来区分。

用途的不同是用名称标号与粗细来区分的。照片左起分别为名称标号同为 50 的 P 型（中 = 粗 3.5）、G 型（细 = 粗 3.1）和名称标号 55 的 V 型（粗 = 粗 4.0）的密封圈。

除此之外，还有航空用的标准，与一般机械用的相比要求更严格。

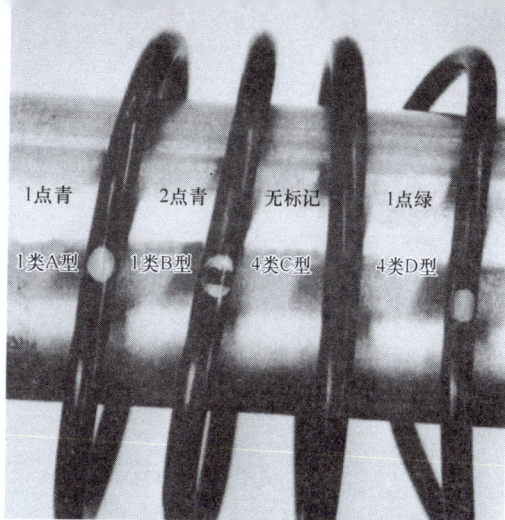

▲挡环的种类

使用1个挡环

使用2个挡环

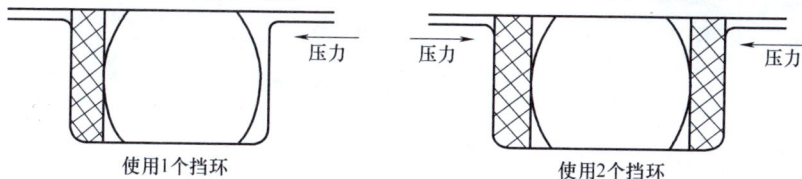

▲使用挡环的场合

V 形密封圈

▲V 形密封圈, 左为 H50, 右为 F60

V 形密封圈是横断面呈 V 字形的环状零件, 多用在以石油类油作为工作油的液压机械的往复运动部位。其用途和 O 形密封圈相同, 但用于比 O 形密封圈压力更高的地方。

V 形密封圈, 顾名思义, 是具有 V 字形状断面的密封圈。因为承受压力的运动零件的横断面都是圆形的, 所以 V 形密封圈也和 O 形密封圈一样是环形的, 即断面呈 V 字形的环。

按材料构造, V 形密封圈分为两种, 即只用橡胶制造的橡胶 V 形密封圈 (记号为 H) 和像平带一样, 将布放入橡胶内做成的含布芯的橡胶 V 形密封圈 (记号为 F)。

V 形密封圈也和 O 形密封圈、油封一样以内径作为公称标号, 在标号前加上 H 或 F 来标记。例如, 照片上小的 V 形密封圈为 H50, 大的为 F60, 如此标记。图中 F60 的 V 字形的内侧是朝上的。

对应于公称标号, V 形密封圈的其他各个尺寸也都是规定好的。当然外径也是确定的。

V 形密封圈的内外径确定后, 使用 V 形密封圈的两

▲H 型橡胶 V 形密封圈的横断面

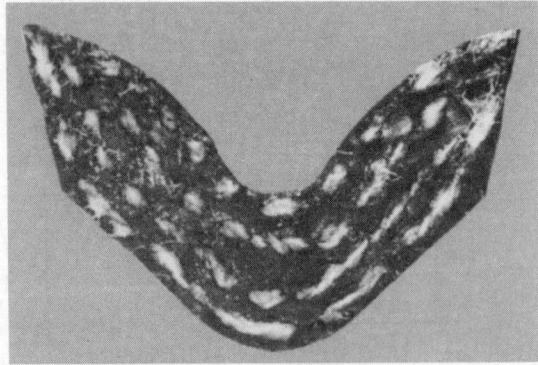

▲F 型含布芯的 V 形密封圈的横断面

个零件——缸体和活塞杆的尺寸也就确定了。

工作压力高时，通常将两个以上的 V 形密封圈重叠起来使用，更准确地说，随压力的不同，可将数个重叠并在其前后用公、母压板夹住使用。

这种压板是用含布芯的橡胶、金属、合成树脂等材料制成的。

对于安装方法，在图样上等处会有所说明。这里对规格的数值等不做介绍了。安装时请将各个密封圈的表面涂上油脂或工作油。

另外，因为缸体内表面和活塞杆外面的表面粗糙度对 V 形密封圈的性能影响很大，所以对于这些方面请参考实际情况仔细观察。

与 V 形密封圈很相似的 U 字形断面的密封圈在市场上也有出售的。

▲U 形密封圈的横断面

密封垫

密封垫的英文为 gasket。在日语中，密封垫的名称采用 gasket 的音译，它与英文 packing 的音译所表示的密封垫一般并没有严格地进行区分。pack 意思是"打包"，其后加上后缀 ing 的 packing 是本来的意思。

但是，在一般机械上密封垫都是用来对流体进行密封的。并且正如 132 页的 O 形密封圈的使用区分一样，密封垫是用于固定部分的密封。根据密封流体的种类、密封场所、压力、温度的不同，密封垫的材质、形状也是多种多样的。

发动机的气缸体与缸盖的接合处必须用密封垫来密封。

联结两根大的管道的法兰间也必须用密封垫来密封。在 JIS 中，有一种管道法兰密封用的涡卷状密封垫标准，它是用粗绳状材料一圈一圈卷成涡卷状做成的。当然众所周知纸制的、纤维材料制的、化学材料制的片状的密封垫是很多的。

那么发动机上用的形状特别复杂的密封垫是用何材质做的呢？都是从片状的材料上切下制成的。此外还有液状的密封垫，将其涂在接触面上从而起到密封的作用。虽说同是密封垫，但是对于用在发动机上的密封垫，如航空发动机、船用发动机上用的分别有另外的标准（要求更严格）。

再者在高压、高温等特殊的地方，也有使用金属密封垫的。当然铜合金铝合金等软材料是首选，但是也有用钢板来做密封垫的。

▼汽车发动机缸体与缸盖的接合处用的密封垫

油杯

油杯的英文名为nipple，其原意是乳头。在机械上，油脂油杯、稀油油杯却是用于润滑给油的给油器，由于外观形状像乳头，所以才有那样的英文名称。

乳头是用来吸的，但是机械上的油杯是用来向润滑部位挤入油脂或润滑油用的。

如照片所示，油脂油杯的形状是多种多样的，其中的B型和C型分别只有一种，但是，A型按照联接螺纹的不同分为5种。

联接螺纹（下侧）分别为以下5种：①M6F（米制细牙螺纹）；②MT6×1；③MT6×0.75（米制锥螺纹，齿距为特殊的分别为1mm和0.75mm）；④PT 1/8；⑤PT 1/4（锥管螺纹，每英寸分别有28个牙和19个牙）。

另外，B型和C型的安装螺纹都是PT 1/8的。

看一下油脂油杯上的外螺纹，这些的螺纹是可以分辨出的，但是机械上安装油杯用的内螺纹是难以分辨的。因此，安装或者更换油杯时要注意螺纹。

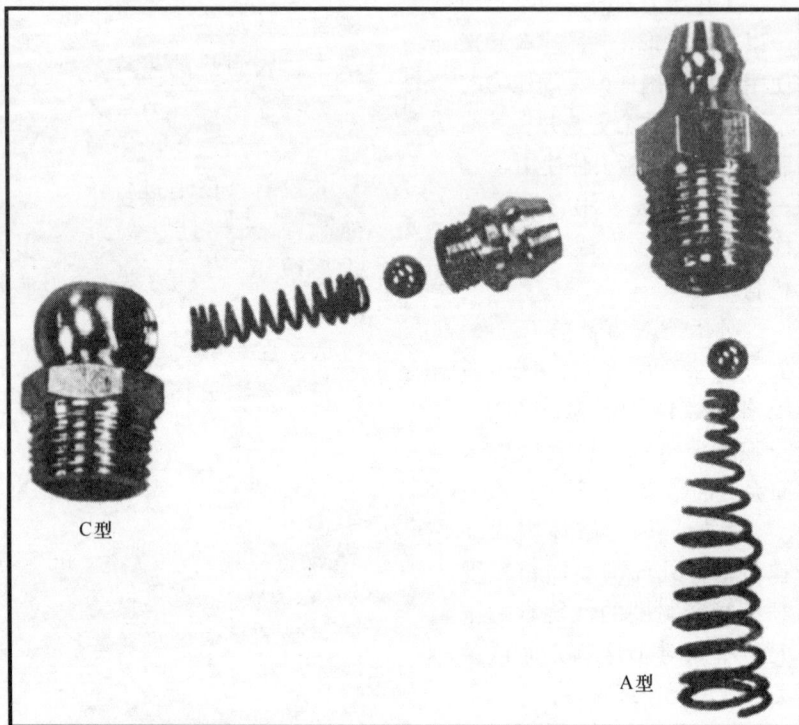

▲油杯的构造很简单

钮扣型和销钉型油杯虽然在JIS中没有，但也在流通使用。它们的联接螺纹有4种：2种为PT1/8和PT1/4的锥螺纹，2种为PF1/8和PF1/4的圆柱螺纹。因为与锥螺纹配合的内螺纹也是圆柱螺纹，所以实际上可以认为只有2种联接螺纹。

在油杯的内部，球的后面有弹簧顶压着，防止油脂从内部漏出，同时可防止外部的灰尘进入油杯内部。给油时，将油枪的头部顶住油杯，用油枪的压力将球压下，将油

A型

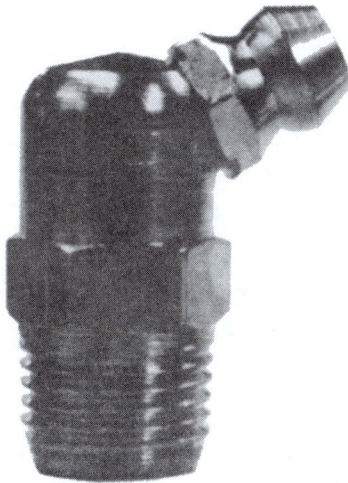

B型

C型

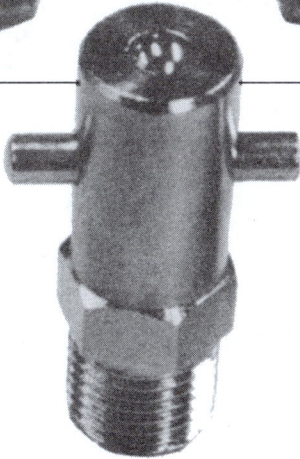

销钉型

钮扣型

脂挤压进去。

　　油枪头部形式分为直通式和卡头式。直通式的油枪须由人力将油枪对正油杯并压住给油。如果油枪发生倾斜，那么油脂会从侧向流出。卡头式弥补了这一缺陷，油枪的头部带有卡住油杯头部的装置。

　　对于钮扣型和销钉型油杯，在给油时，将油枪嘴卡在钮扣上或销钉的同时，借助弹簧力压紧油枪。

　　在 JIS 中也有钮扣型的稀油油杯，但是比油脂油杯要大些。

稀油油杯

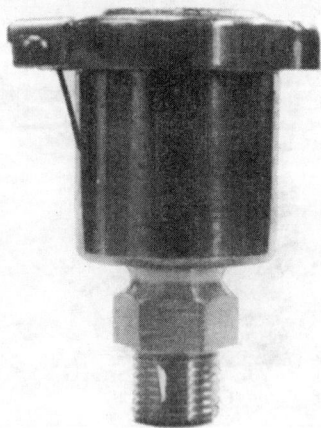

除了含油轴承以外，在有轴承（滑动轴承）的地方，必定有润滑油的供油部件。虽然润滑油的供油方式有很多种，但是最简单，外观上

最易区分的还是稀油油杯和油脂油杯。基本上每个轴承的轴承座的正上方都装有这样的油杯。

油杯的安装采用圆柱管螺纹。稀油杯主体（杯体）的中央有一根细管，穿过联接螺纹中心的通孔，管中插有棉芯，棉芯从管的上部伸出后悬垂到主体的底部。

在主体内注入油后，即使油低于细管的管端，由于油的毛细作用，油沿棉芯上升，之后在重力的作用下，沿管中棉芯下降，将油输送到孔下部的润滑部位。

依据稀油油杯的构造和

原理如下：注入油时，要使油低于中央细管上端的高度。为了防止灰尘进入内部，油杯通常带有盖，在弹簧力的作用下保证了盖能压紧。油杯

▲也有这种形式的稀油油杯

▲从中心管中伸出的棉芯

▲也有玻璃制的稀油油杯

的制造材料为黄铜。

油杯的标记是用主体直径×联接螺纹来表示的。

另外，除了JIS的标准油杯以外，如照片上所示的非标准油杯也很多。主体是用玻璃制造的，这样可以清楚地知道油量。将上部的把手立起来，就可把下面的孔堵住。

使用时，将上面的把手按下，堵住下面的孔的零件就会被弹簧弹起。

这种油杯的主体的下部与联接螺纹之间的部分也是玻璃制造的，可以观察到油的滴下状态。

▲自动车床上的油杯使用例（右上）

油脂油杯

油脂油杯，顾名思义，是用来供给油脂的。因为油脂不能像润滑油一样流动，所以油脂油杯只是由底部带孔的主体（杯体）和带螺纹的旋盖组成。

油脂在常态下是不能流动的，下部的轴承由于摩擦热而使温度升高，这热量会使油脂溶化，从而流到下部的润滑点，原理非常简单。

因为带有螺纹的旋盖的深度比油杯主体的深度深，所以旋拧旋盖，油脂就会一直充满到下部的出口。装油脂时将旋盖装满油脂（主体中也装入），然后将旋盖拧上，随着油脂的减少，旋拧旋盖即可。

油脂油杯一般是由黄铜或钢制造的。

标记依然是用主体直径×联接螺纹来表示的。

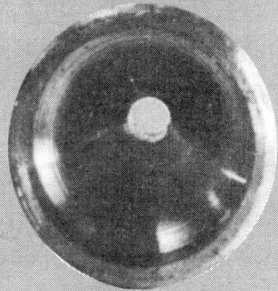

▲油杯主体的中心部有开孔

▲旋盖的深度比主体的深度大

139

管道附件

阀的英文为 valve，是通过转动手轮（122 页）控制流体流动管路关闭或打开的零件，有各种各样的形式。

但是液压装置上使用的有些阀并不带有手轮。

截阀的英文为 cock，从外观上来说，将手柄（控制杆、抓手）回转 90° 就可实现开闭的阀。

管路附件中，在构成方面类似的机构就是上述的阀和截阀，除此之外就是管、管接头和软管了。

与机械相关的管路附件都是承受压力的。这些零件当然全部是按照内径来设计计算的。但是管与阀、截阀、管接头或是与机械主体的连接，如果不以外径为基准就会带来一些不便。

因此就出现个麻烦的问题：管的公称直径与外径和内径均不一致。

还不仅如此，阀、管接头等的连接部分的外侧尺寸是以其中最小零件的外径为基准确定的。

此外，管本身也从低压

▲液压装置的内部

用到高压用有多种多样的规格，管壁厚变化，内径也变化。因此，即使公称直径相同，如果压力不同，那么对应内径也是不同的。这似乎很难懂。

但是，本书的读者不需要知道这些细节，只要记住与管的公称直径相对应的管

螺纹就足够了。

然后介绍管螺纹，它们都是英制螺纹，分为圆柱管螺纹和圆锥管螺纹，每英寸的牙数分为 11、14、19、28 牙，共 4 种规格。公称直径 1 英寸以上的螺纹，基准直径尽管变化，但每英寸都是 11 牙。

弯曲的管接头称为弯头，此外还有带分叉的 T 形、Y 形、十字形等，它们在 JIS 中都有相应标准。总之，各种各样的都有。

管路附件上的螺纹一般都是内内螺纹，也有一内一外的。

从形状上看，还有异径的、偏心的、管套、弯头、活接头、螺纹接套、衬套、锁紧螺母、螺塞……各种各样的。

软管也同样是以内径为基准。

这些管道附件还有一个共同的特征：以公称尺寸为主，各个尺寸都是英制单位的。

现在也有以米制为单位的，但那只是把英寸换算成米而已。

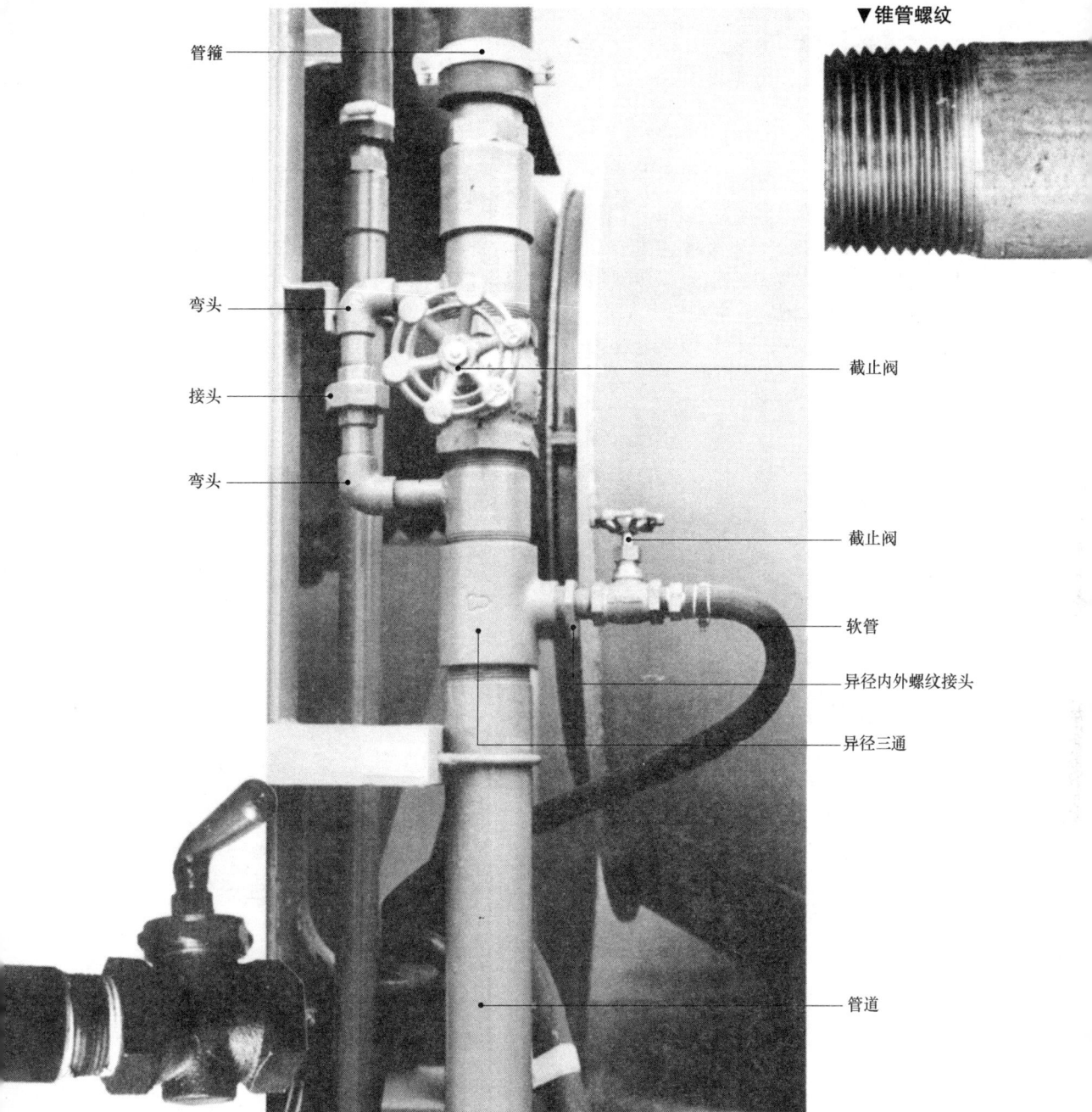

▼锥管螺纹

管箍

弯头

接头

弯头

截止阀

截止阀

软管

异径内外螺纹接头

异径三通

管道

▲截止阀

电动机

电动机也叫马达，马达一般也指的是电动机。但是原动机、动力发生装置都是马达，马达并不限于用电气的。有人称电动机为电气马达的原因也许就出于此。这里按照通俗的说法，将马达的意思限定于电动机。

根据用途不同，马达的种类也是各种各样的。尽管如此，作为一般机械动力用的电动机都是三相异步鼠笼型感应电动机。

感应电动机这一术语有些拗口，在日本有很多知识分子用这种电动机的英文名 induction motor 的音译来称呼这种电动机。这种电动机大都以 200V 的、俗称为动力线的三相交流电为电源。

以普通动力线为电源的电动机在电气行业中有其相应的标准。这对机械专业来说不重要，重要的是具有所需输出动力的电动机

从带轮方向看接线盒在电动机的左侧

键槽的深度、宽度、长度

INDUCTION MOTOR

轴头长度

回转轴的高度

安装孔的位置

螺栓通孔直径
沉孔座直径

安装孔的位置

电动机的主要尺寸

的尺寸。关于此方面，对 A 型和 E 型电动机的尺寸都做了规定。实际上，一般用的电动机都是 A 型或者 E 型的。

这里的 A 和 E 是表示绝缘等级的，即表示温度即使升高到多少度电动机仍然可以正常工作的记号，A 型为 105℃，E 型为 120℃。

电动机的尺寸是根据 A 型和 E 型中输出力小的一方来确定的。电动机各部位的尺寸，轴周围、安装座周围的尺寸，对于机械设计来说是非常必要的。

例如，安装座上安装孔的位置尺寸。这一尺寸随电动机输出力的大小而定。安装孔的相关尺寸依据螺栓通孔直径、沉头座直径标准而定（20 页）。电动机轴的尺寸，依据轴径标准（40 页）、安装带轮的键槽（54 页）、轴端形状（42 页）的标准而定。轴的高度按回转轴的高度（41 页）的标准值而定。

不过，这些标准是适用于 E 型的，A 型不一定与其他标准一致。差别在于，A 型的标准旧，E 型是由 A 型改良后标准化的。旧的机器多用 A 型的，新的机器全部都用 E 型。

此外，从带轮安装侧看接线盒是在电动机的左侧。

进给电动机　　　　切削液电动机　　　　　　主轴电动机

铣床上安装的 **3 个电动机**（A 型）

机械工人与机械零件的关系

对于机械工人来说，机械零件这个词不是常用的术语，在我们日常的工作中，这个词也很少听到。

我们大都是通过课本初次接触到这个术语的。对于在机械工厂工作的工人，一般都跟课本没什么缘分。偶尔由于培训的原因，才接触到机械零件这个术语。

再者，在日本技能鉴定考级的笔试考试大纲中也出现了这个术语。这样，我们自然就记住了这个词。知道了这个词，就不需要多解释了。

因此，本书的读者，若不能无条件地记住"机械零件"这个词，就不好办了。总之，构成机械的基本单元——事物组成所必需的、不可缺少的、根本的、主要的元素——这样理解就可以了。

那么，机械零件都有哪些呢？这还是个需要考虑的问题。我们每天都在加工制造机械部件，那么这些件是否都是机械零件呢？有些可以说是，有些可以说不是。翻看一下教科书的目录，大概是由于各种教科书相互参考的原因吧，这些教科书中的机械零件的范围大致相同。

即使如此，有些部分多少有差别。例如，连杆、凸轮、制动器、离合器这些内容和机械原理中的内容有些重复。齿轮、带、链、螺栓等也是如此。

此外，在日本技能鉴定考级笔试考试大纲中，也包含了一些《机械原理》的内容。

我们已经知道机械零件的定义大概就是这样，我们和机械零件的关系就从这里开始吧。

螺纹联接件的标准名称与通称

作为机械零件的螺纹联接件与普通的螺纹有何不同吗？从螺纹的本质上来说，并不存在什么区别。但是，机械工人接触的螺纹大都是作为某种零件的一部分在零件上加工的。这个零件可能是轴，也可能是输送用部件，一般情况下，螺纹属于具有其他功能的零件的一部分。

机械零件中的螺纹零件指的并不是螺纹本身，而是螺纹紧固件，这话听起来有些难懂。

除非是在专门工厂，一般不直接加工制造这些螺纹紧固件。这些零件都是已经标准化的，作为成品大量生产并出售的。

正是如此，这样的零件哪里都有，谁都见到过，可是，正因为这样我们对其的了解却是不那么准确。

从设计上看，JIS 标准件的使用范围是很广，因为这些螺纹紧固件不是我们所关心的对象。

虽说如此，因为这些零件数量最多、规格种类也多、即使想记住个大概也是很困难

的。此外，一些零件还有标准名称，也叫制式名称，此外还有俗称、通称，我们一般以通称呼称。

但是，教科书、一般书籍或者考试试题中只出现标准名称——JIS——名称。如果不知道俗称、通称，只机械地记住标准名称是不够的，但是要熟悉这些就要花一些时间了。

（原书中有日本语中螺纹联接件的通称与标准名称的对应关系，在汉语中不存在这种情况，这里仅列出标准名称——译者注）

这些零件的通称大都是以片假名表示的，来源于其英语的音译。大概，当初在还未有正式的日语名期间，这种有点怪的英语名就已通用起来了。可是，当制定标准时也许是由于标准名称不能全用假名吧，就起了些没有意思带有学究味的标准名

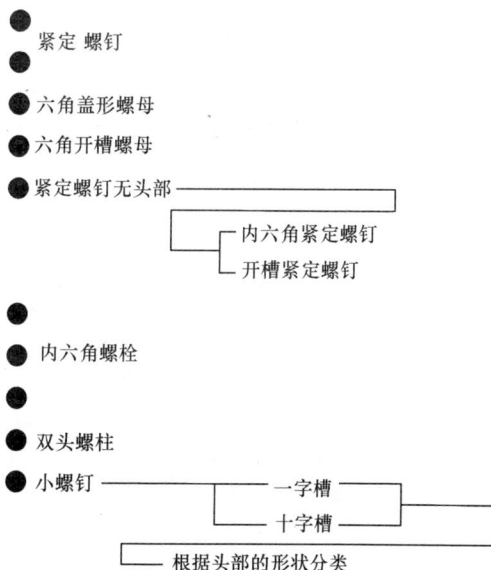

● 紧定 螺钉
●
● 六角盖形螺母
● 六角开槽螺母
● 紧定螺钉无头部 ——┐
　　　　　　　　├─ 内六角紧定螺钉
　　　　　　　　└─ 开槽紧定螺钉
●
● 内六角螺栓
●
● 双头螺柱
● 小螺钉 ——┬─ 一字槽
　　　　　　└─ 十字槽
　　　　└─ 根据头部的形状分类

拧紧这些螺纹零件的工具为:

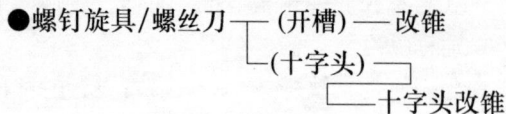

●螺钉旋具/螺丝刀 —— (开槽) —— 改锥
　　　　　　　└—— (十字头) ——┐
　　　　　　　　　　　　　　└—— 十字头改锥

●内六角扳手

这些通称是否在所有范围内通用,是否还有更多种叫法,目前还无法搞清。

从标准开始……

在机械厂中,损坏的零件怎样进行更换呢?这里问的不是安装方法和步骤,而是零件的名称,换一种说法,就是替换零件的公称尺寸(规格)问题。

对"公称尺寸"这一术语一般人不怎么熟悉吧。还有没有更通俗易懂的说法呢?总之,在 JIS 中全部使用"公称尺寸"表示零件,在"公称尺寸"后面跟着标准代号等。

怎么称呼暂且不论,传动带坏了要换一个;装卸带轮时,把键弄丢了要拿一个现成的来用;轴承出现了很大的噪声,要换个新的;螺母都用成这样了,螺栓上的螺纹都平了,要换一套好的螺栓、螺母;O形密封圈旧了要换个新的……像这样的时候要用到零件的公称尺寸。

哎呀,不得了旧的传动带已经弄脏,看不清规格了;键的尺寸,轴承的型号都只用数字来表示,就凭这样的 3 位数、4 位数能明白吗?若是螺栓、螺母那是可以明白的。

若是 O 形密封圈,拿一个同样的来就可以了。常常会出现这样的情况。

如果不了解各种机械零件的公称尺寸1名称,就不能将我们的意思正确传给零件库、购买部或者销售商。

机械零件自始至终都是与规格相关的。总之,除了死记没别的办法。可是太多的规格是不可能记住的。只有在手边放一个规格表。

但是,如果连大致的名称、种类等也不知道,是没有办法工作的。拿着损坏的零件到备件处说:"给我一个和这个一样的零件",这是不专业的表现。小螺钉的头部是很相似的,常常容易搞混。并且,会出现把新的装上一试,才发现:"啊,不对呀"的情况。

螺栓的公称尺寸是没有问题的。螺杆部分是看不见的,只有头部是露在外头的,如果头部形状错了,一般人都可马上看出"不好看"。

像这样有明确规格的零件更换时不会有什么问题,但会出现上边讲到的通称的问题。

当要更换一个新的键而去购买时,就会知道销售的是键用型钢的切段(spill),但是没有 JIS 标准中的成品键出售。用难以理解的术语来说,键用型钢就是用冷拔和研磨加工制成键的尺寸的四棱棒材,使用时切成需要的长度。Spill 的意思是小片、切段。

看来,标准这种东西没有什么意义。

标准与现实

　　虽说机械零件始终是贯彻标准的，但是其标准一般都有点陈旧。而在没有标准的零件中，也有很多质量好的，其中有很多是经常用的。或者说，有一些在很多地方使用的零件，标准中并没有规定，这样的零件有很多。

　　滚动轴承是标准化最彻底的零件的代表，其种类也多得很。另一方面，滑动轴承很少有相关标准。准确地说，虽然新标准对小直径的滑动轴承规格做了规定，但这属于标准先行，目前市场上似乎并没有成品出售。

　　联轴器、离合器、制动器应该属于机构学领域的研究对象，对于这些部件损坏后不是仅仅更换零件就可以了，联轴器需要修理、离合器需补修、制动器需要保养。

　　有些习惯做法在标准中也是没有的。以套筒滚子链的小链轮为例，B 型小链轮的齿端面一般习惯上进行高频淬火。因为它的齿数少，与链条接触机会多，将其表面淬硬可以减少磨损。与标准相比，习惯做法更合乎实际。

　　有些零件虽有其标准，在教科书、参考书中也有这些零件的相关介绍，但实际上几乎见不到这样零件的实物。这样的标准都是落后于时代的。

　　年龄大的人过去经常看到平带和平带轮。对现在的年轻人，说到带轮他们只会

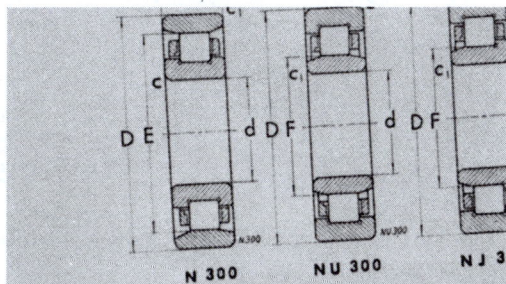

基本代号		主要尺寸			
		d	D	B	E
N 304	NU 304	20	52	15	44.5
N 305	NU 305	25	62	17	53
N 306	NU 306	30	72	19	62
N 307	NU 307	35	80	21	68.2
N 308	NU 308	50	90	23	77.5
N 309	NU 309	45	100	25	86.5
N 310	NU 310	50	110	27	95
N 311	NU 311	55	120	29	104.5
N 312	NU 312	60	130	31	113
N 313	NU 313	65	140	33	121.5
N 314	NU 314	70	150	35	130
N 315	NU 315	75	160	37	139.5
N 316	NU 316	80	170	39	147
N 317	NU 317	85	180	41	156
N 318	NU 318	90	190	43	165
N 319	NU 319	95	200	45	173.5
N 320	NU 320	100	215	47	185.5
N 321	NU 321	105	225	49	195
N 322	NU 322	110	240	50	207
N 324	NU 324	120	260	55	226
N 326	NU 226	130	280	58	243
	NU 328	140	300	62	260
	NU 330	150	320	65	277
	NU 332	160	340	68	292
	NU 334	170	360	72	310
	NU 336	180	380	75	328
	NU 338	190	400	78	345

▲滚动轴承的规格

想到 V 带用的带轮。平带轮应该已经不再生产了。

　　过去，皮带扣这个零件是非常难使用的

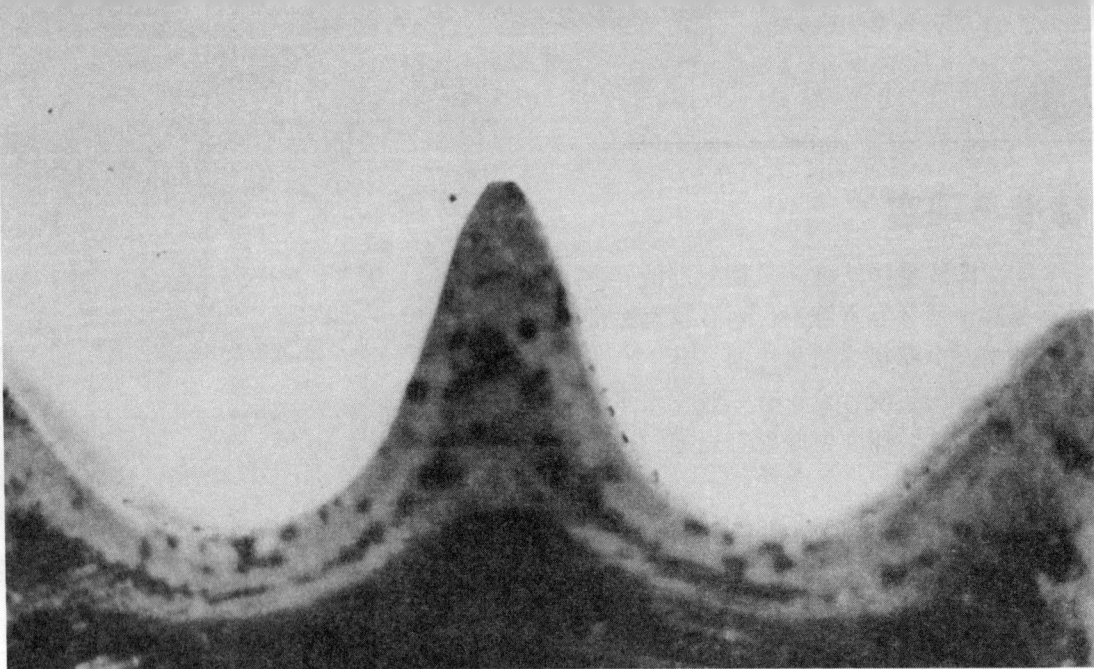

▲JIS 中虽然没有做规定，但是为了提高小链轮表面的耐磨性，通常对其表面进行高频淬火

零件之一。要将机器全部停机，用皮带扣把平带接好，等到装皮带时如发现不是长就是短，装的人就会受到嘲笑、训斥，这已经是过去的事了。但是这个标准还存在着。

此外，还想对有些标准发几句牢骚。现在，我们已经不再在螺栓、螺母与被联接件表面间使用垫圈了。作为联接紧固件的螺栓，它松与不松是螺纹零件的问题。使用了垫圈也不会增加拧紧力矩的……是这样吧。

可是有个垫圈沉头座直径标准，这是个考虑垫圈安装尺寸的标准。在此，这样的标准无任何意义坦率地讲，这样的标准是没用的。

精度

1 标准值

标准值这个词听起来有些不习惯吧。这个听起来有些不习惯的术语与机械零件有关，可以认为今后标准值的采用会越来越多。并且，也正因为如此，JIS中有关于标准值的标准。

让我们来考虑这样一个问题。有人需要某一功率的电动机，电动机厂就制造这一功率的电动机；若还有人需要功率再大一点的电动机，电动机厂也将制造这种电动机。

这样，如果需要多大功率的电动机，电动机厂就制造多大功率的电动机，电动机的种类就会无限制地增加下去。

另一方面，电动机轴的直径会根据输出转矩的需要，有的粗，有的细。如果纯粹地依据材料力学的计算来决定轴的直径的大小，同样地会出现非圆整数的轴径。

当然，制造者希望在一定范围内将任意的数值进行归纳整理，问题是如何归纳整理。

我们来考虑一下铁丝、钢丝的粗细问题。假如4mm的直径不够粗，那么增加

1mm，用5mm直径的可能就够了。但是，当用0.4mm的有点细时，那么增加1mm，用1.4mm的是否可以呢？这里不是说粗的不可以代替细的使用，只是说在有些地方可能会太粗了。在这样情况下，希望用0.5mm的。

正如所说的，增大1挡，是指比前1挡增加百分之多少，而不是指的增加几毫米。5mm与4mm相比，0.5与0.4mm比，都是增加了25%，而1.4mm与0.4mm相比却是增加了250%。

按一定比例，有规律地变化的数组成的数列称为等比数列。上面所说的归纳整理，是按照等比级数进行的。这样，所得数值看起来会觉得复杂，乍一看会认为不合理。

那么就让我们来看一看JIS中所规定的标准值。如表所示，它是由R5、R10、R20、R40的基本数列和R80特别数列组成的。要说明这个表的制定依据，要涉及到各种各样的数学术语，这里就省略了。

本来，该表的数值主要是设计阶段的需要参照的，除了设计结果以外，与本书的读者没有什么关系。但是，在本书中这里那里都是以此标准值为规格的零件，滑动轴承的轴瓦（64页）就是这样的零件。

在轴的直径系列（40页）中，有5.6、6.3、7.1、11.2、12.5、22.4、31.5、35.5，这样的非整数值。

不仅仅只有这样的非整数，在其前后还有5、6、7、11、12、22、30、32、35这样的整数值。

但是，这些非整数的数属于标准值，反倒是7.1前的7，或者11.2前的11，22.4前的22，35.5前的35是标准值系列中没有的。

并且在滑动轴承用轴瓦系列中，即使是整数，在标准值中没有的数都是没有的。

轴的中心高（41页）也是依据标准值来确定的（也有例外）。

今后，因为与此相关的问题会遇到很多，知道有相关的规定是很有必要的。

▼ 标准值表（JIS Z 8601）

标准值基本数列				配列号			计算值	标准值的特别数列		计算值
R5	*R10*	*R20*	*R40*	0.1 ~ 1	1 ~ 10	10 ~ 100		*R80*		
1.00	1.00	1.00	1.00	− 40	0	40	1.0000	1.00	1.03	1.0292
			1.06	− 39	1	41	1.0593	1.06	1.09	1.0902
		1.12	1.12	− 38	2	42	1.1220	1.12	1.15	1.1548
			1.18	− 37	3	43	1.1885	1.18	1.22	1.2232
		1.25	1.25	− 36	4	44	1.2589	1.25	1.28	1.2957
			1.32	− 35	5	45	1.3335	1.32	1.36	1.3725
		1.40	1.40	− 34	6	46	1.4125	1.40	1.45	1.4538
			1.50	− 33	7	47	1.4962	1.50	1.55	1.5399
1.60	1.60	1.60	1.60	− 32	8	48	1.5849	1.60	1.65	1.6312
			1.70	− 31	9	49	1.6788	1.70	1.75	1.7278
		1.80	1.80	− 30	10	50	1.7783	1.80	1.85	1.8302
			1.90	− 29	11	51	1.8836	1.90	1.95	1.9387
	2.00	2.00	2.00	− 28	12	52	1.9953	2.00	2.06	2.0535
			2.12	− 27	13	53	2.1135	2.12	2.18	2.1752
		2.24	2.24	− 26	14	54	2.2387	2.24	2.30	2.3041
			2.36	− 25	15	55	2.3714	2.36	2.43	2.4406
2.50	2.50	2.50	2.50	− 24	16	56	2.5119	2.50	2.58	2.5852
			2.65	− 23	17	57	2.6607	2.65	2.72	2.7384
		2.80	2.80	− 22	18	58	2.8184	2.80	2.90	2.9007
			3.00	− 21	19	59	2.9854	3.00	3.07	3.0726
	3.15	3.15	3.15	− 20	20	60	3.1623	3.15	3.25	3.2546
			3.35	− 19	21	61	3.3497	3.35	3.45	3.4475
		3.55	3.55	− 18	22	62	3.5481	3.55	3.65	3.6517
			3.75	− 17	23	63	3.7584	3.75	3.87	3.8681
4.00	4.00	4.00	4.00	− 16	24	64	3.9811	4.00	4.12	4.0973
			4.25	− 15	25	65	4.2170	4.25	4.37	4.3401
		4.50	4.50	− 14	26	66	4.4668	4.50	4.62	4.5973
			4.75	− 13	27	67	4.7315	4.75	4.87	4.8697
	5.00	5.00	5.00	− 12	28	68	5.0119	5.00	5.15	5.1582
			5.30	− 11	29	69	5.3088	5.30	5.45	5.4639
		5.60	5.60	− 10	30	70	5.6234	5.60	5.80	5.7876
			6.00	− 9	31	71	5.9566	6.00	6.15	6.1306
6.30	6.30	6.30	6.30	− 8	32	72	6.3096	6.30	6.50	6.4938
			6.70	− 7	33	73	6.6834	6.70	6.90	6.8786
		7.10	7.10	− 6	34	74	7.0795	7.10	7.30	7.2862
			7.50	− 5	35	75	7.4989	7.50	7.75	7.7179
	8.00	8.00	8.00	− 4	36	76	7.9433	8.00	8.25	8.1752
			8.50	− 3	37	77	8.4140	8.50	8.75	8.6596
		9.00	9.00	− 2	38	78	8.9125	9.00	9.25	9.1728
			9.50	− 1	39	79	9.4406	9.50	9.75	9.7163

同样的机械零件，如果需要制造多个，要将它们每个的尺寸做得完全相同，是非常困难的。如果用非常小的单位来计量，几乎可以说没有尺寸相同的零件。因此，只好将难以完全一致的尺寸值限定在一定范围内。

公称尺寸为30mm，实际尺寸可能在 29.5～30.5mm 之间，这个实际尺寸就作为 30mm 来计算。这个上下 0.5mm 的误差是认可的。如果没有与之相配合的零件，这样使用是没有问题的。

退一步，即使是有与之相配合的零件，如果它们之间有很大的间隙，也是在容许范围之内，那么这样的尺寸也可以。但是这样的情况几乎是没有的。对与之相配的零件的尺寸误差也必须做出适当的规定。

因此，就引出了"配合"这一术语、概念。轴和孔的关系是配合的最典型的例子。

轴与孔相配合，如果允许尺寸误差像上面讲到的那么大，会出现什么情况呢? 如果轴和孔的公差都是 ±0.5mm，那么轴的尺寸为30.5mm，孔的尺寸为 29.5mm 的情况是可能存在的，但是，这个轴是绝对装不进这个孔里去的，配合关系就不能成立。

这里讲的与一般尺寸误差不同。因此，从结论来说，对于某一公称尺寸，轴的尺寸不应有正的偏差，而孔不应该有负的偏差。如果这样，轴总能被装进孔中并处于可转动的状态，只有松紧的不同。

JIS对各种配合做了规定，并且在轴和孔的加工图样上都有标注。例如：对轴标注为 $30_{-0.03}^{0}$，对孔标注为 $30_{0}^{+0.03}$ 等。

对于配合，有的是以轴为基准的，有的是以孔为基准的（见表1）。此外，依据配合的松紧程度，规定了多个等级。依据配合的种类、

表1 常用基孔制配合(JIS B 0410)

基准孔	轴的种类与等级																
	间隙配合						过渡配合				过盈配合						
	b	c	d	e	f	g	h	js	k	m	n	p	r	s	t	u	x
H 5						4	4	4	4	4							
H 6						5	5	5	5	5							
					6	6	6	6	6	6	6	6					
H 7				(6)	6	6	6	6	6	6	6	6	6	6	6	6	6
					7	(7)	7	7	(7)	(7)	(7)	(7)	(7)	(7)	(7)	(7)	(7)
H 8					7		7										
				8	8		8										
			9	9													
H 9			8	8			8										
		9	9	9			9										
H 10	9	9	9														

与配合

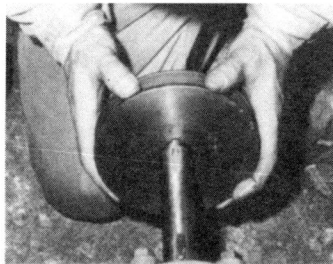

▲此配合为 H7/f7

公称尺寸的大小、基轴制还是基孔制（见表 2），对各个尺寸的偏差值都做了规定。这些配合包括了没有特殊要求只要能装上就可以的，也包括要使轴能回转的，还包括永久结合性的，从松到紧的各种情况。

根据配合的种类（松紧程度的等级），分为间隙配合、过渡配合、过盈配合三种。对于这三类配合，依据配合的松紧程度，规定了多个尺寸偏差代号：A(a) ～ ZC (zc)。这些代号中的大写字母 A ～ ZC 是表示孔的，a ～ zc 小写字母是表示轴的。

再者，每个偏差代号又对应多个公差等级，有些复杂。举例来说，30H7 就是一个标记示例，意思是：孔的

表 2　常用配合的孔的尺寸偏差　单位:μm（节选）（JIS B 0410）

尺寸/mm		H					
以上	以下	H5	H6	H7	H8	H9	H10
–	+3	+4	+6	$+10 \atop 0$	+14	+25	+40
3	6	+5	+8	$+12 \atop 0$	+18	+30	+48
6	10	+6	+9	$+15 \atop 0$	+22	+36	+58
10	14	+8	+11	+18	+27	+43	+70
14	18			0			
18	24	+9	+13	+21	+33	+52	+84
24	30			0			
30	40	+11	+16	+25	+39	+62	+100
40	50			0			
50	65	+13	+19	+30	+46	+74	+120
65	80			0			
80	100	+15	+22	+35	+54	+87	+140
100	120			0			
120	140	+18	+25	+40	+63	+100	+160
140	160						
160	180			0			
180	200	+20	+29	+46	+72	+115	+185
200	225						
225	250			0			
250	280	+23	+32	+52	+81	+130	+210
280	315			0			
315	355	+25	+36	+57	+89	+140	+230
355	400			0			
400	450	+27	+40	+63	+97	+155	+250
450	500			0			

公称尺寸为 30mm，配合种类为过渡配合型，公差等级为 7 级。如果用数值来表示此孔的公差，公称尺寸为 30mm 的孔的容许偏差为 $^{+0.021}_{0}$。

如果与此孔配合的轴为 h6，其容许偏差为 $^{0}_{-0.013}$。两者合起来，配合公差带为 $^{+0.021}_{-0.013}$。间隙达到这样的程度，可以用手来装配，可用于精密回转的场合。如果将轴改为 g6，可用于承受轻载的转动场合；如果

是 f7，在润滑良好的条件下，可用于连续转动的场合。

虽然本节开头曾经讲过，孔的偏差不为负，轴的偏差不为正，但是在过盈配合中，实际上会出现此情况。这个偏差量称为过盈量，这样的配合用于部件间不相对运动、永久联结的场合。因此，零件的装配需要用压力机压入或者将孔加热或者将轴冷却的方法。

3 一般公差

在机械零件中，很多地方不注尺寸公差，如果没有与其相配合的零件，并且实际尺寸也不小于公称尺寸时，那么应该是没有问题的。当然，这是极端的说法。

因此，对于机械零件的规格，对公差不做规定的地方也有很多。此外，在设计图、加工图上也有很多不标注尺寸公差的地方。这些未标注公差尺寸的公差称为一般公差，在 JIS 中对此做了规定。

和我们关系最紧密的是"切削加工"。

若无说明，公差按表中规定值选取。对于标准件，

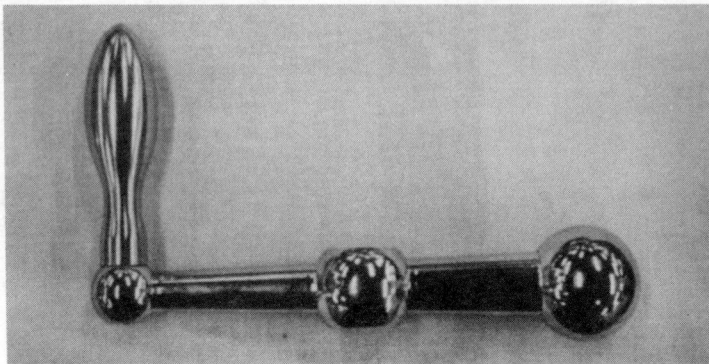

▲完全由切削加工制做的 2 号摇把与 2 号手柄。手柄安装轴与摇把中间的孔是有配合公差的，其他部分的公差为中级

只要是切削加工件，其尺寸公差必会符合表中规定。

此外，对铸造件、冲压件、剪断件、模铸件、烧结成型件、锻件……各种零件也同样对尺寸公差做了规定。

特别是对于铸件、模铸件、锻件等，因为它们必然要有拔模斜度，所以忽略拔模斜度确定尺寸偏差时没有意义。

因此，对于拔模斜度也做了公差规定。

▼ 切削加工尺寸的一般公差（JIS B 0405）

		精 密 级	中 级	粗 糙 级
0.5 以上 3 以下		±0.0	±0.1	——
3 以上	6 以下			±0.2
6 以上	30 以下	±0.1	±0.2	±0.5
30 以上	120 以下	±0.15	±0.3	±0.8
120 以上	315 以下	±0.2	±0.5	±0.2
315 以上	1000 以下	±0.3	±0.8	±2
1000 以上	2000 以下	±0.5	±1.2	±3

4 锥度

锥度（taper）常与斜度相混淆。锥度意味着端头尖细，但并非是无论多细都可以。机械中应用的锥形零件的例子如图所示。在 JIS 中特别地对"圆锥部分"做了规定，断面的形状为圆。

如图所示，锥度指 D 与 L 的比 D/L，并将 D 换算成 1 的值，因此分子一定是 1。大体上对于锥度的标准值共规定了 26 种，但有多少种实际应用的并不知道。

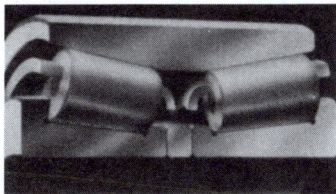
▲ 圆锥滚子轴承的锥度为 1/12

▲ 沉头螺钉用的 90°锥孔

锥角如图的 α 所示，锥角为

$$\frac{1}{x} = \frac{D}{L} = \tan\frac{\alpha}{2}$$

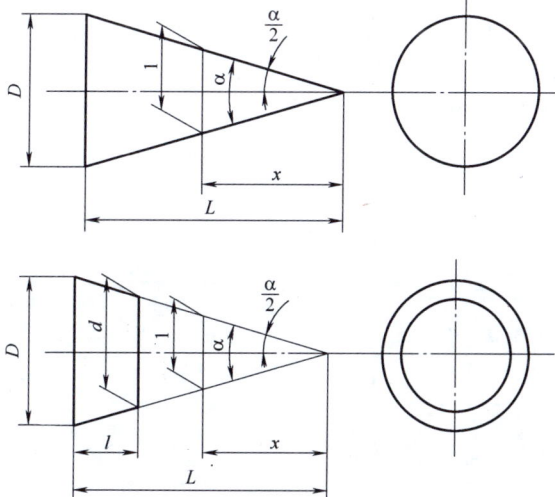
▲ 截阀的锥度为 1/6

实际上机械零件的端部很少为尖的，因此实际的锥度计算式为

$$\frac{1}{x} = \frac{D-d}{l} = 2\tan\frac{\alpha}{2}$$

此外，莫氏锥度、雅各布锥度以及铣床主轴孔的锥度有另外的标准，与这里所说的锥度无关。符合这里标准的零件，举例来说有：

截止锥阀：$\dfrac{1}{6}$

圆锥滚子轴承：$\dfrac{1}{12}$，$\dfrac{1}{30}$

圆锥螺纹：$\dfrac{1}{16}$

锥销：$\dfrac{1}{50}$

此外，还有角度如下的零件有：

三爪卡盘：30°
顶尖：60°，75°，90°
沉孔螺钉：90°

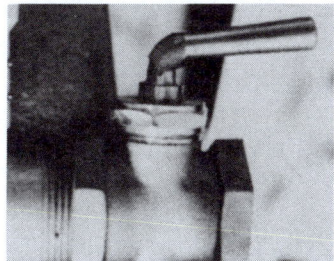
▲ 锥度与锥角

从事机加的技工和从事装配工作的技工都知道，如果机加工后的零件上有棱角应进行倒角，这是作为机械工人的常识。

但一般对倒角的大小却没有规定。有的倒角的大小肉眼可见，有的小到虽然用肉眼不能看清，但用手抚摸一下，感受不到扎手。每个人按自己的经验、感觉来决定。

这种倒角一般称作"线倒角"。

有时，线倒角的大小的确定会成为一个问题。倒角小到像线一样细，但对其大小却没有明确规定。每个人有每个人的做法，一般零件

小倒角就小些；零件大倒角就大些。

倒角一般都为45°，有人有时也进行倒圆。可是本来就很小，到底是45°的倒角还是倒圆不易弄清。

JIS对此做了规定。

虽然有规定，但这只是为方便设计人员在一定范围内确定倒角大小、在图样上作出指示所做的规定，与根据零件功能需要所作的规定没有关系。根据零件功能确定所需倒角的大小时，要根据目的确定相应的数值。

先讲倒角。倒角的数值大小标注于图上，角度为45°。说到倒角，常联想到外棱，但实际上内角也有倒

角，这在日本工业标准（JIS）中同样也有规定。

但是，此时不称为棱而称为内角。是进行45°倒角还是倒圆没有明确规定，不像一般的JIS的风格。同样，外棱和内角倒圆的大小都是以半径来规定的。

倒角以其英文 chamfer 的首字母 C 表示，倒圆以半径的字首 R 来表示。在 JIS 中规定的 C、R 的值如下：

0.1，0.2，0.3，0.4，0.5，0.6，0.8，1，1.2，1.6，2，2.5，3，4，5，6，8，10，12，16，20，25，30，40，50

内角的倒角 C 或倒圆 R，

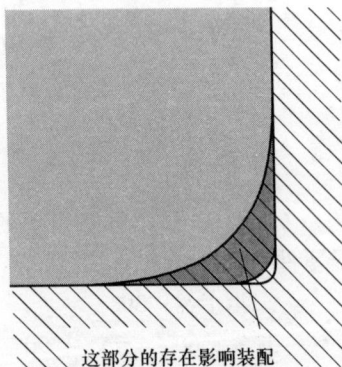

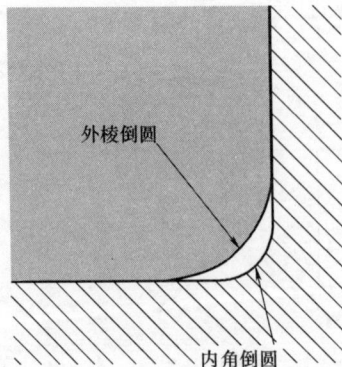

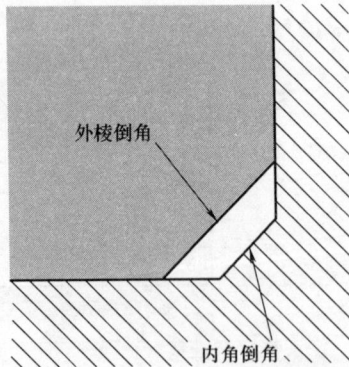

这部分的存在影响装配

外棱倒圆

内角倒圆

外棱倒角

内角倒角、

▲外棱、内角的倒角、倒圆的组合

圆

与其说是出于外观、安全的考虑，不如说是出于加工实际的考虑。

例如，用车床加工台阶轴时，如果车刀的刃端不是精确的尖角，轴肩部自然地会加工出与刀尖圆角半径相同的倒圆。

出于车刀寿命的考虑，除了极特殊的情况以外，车刀切削刃尖端的倒圆属于常识。

以上是针对机械切削加工件而言的。在机械零件中，还有冲压件、铸件、锻件，这些零件的外棱、内角一般都做成圆角形。

这些地方不做成圆角是不可能的。从力学角度看，内角处作出圆角是合理的，这是常规的做法。对此圆角的大小，JIS 也做了规定。

让我们考虑一下倒角、倒圆在实现零件功能方面可能存在的问题。以滚动轴承装在台阶轴上为例。

对于滚动轴承，对于滑动轴承以及机架上的孔也是如此，当轴承滚圈外棱的倒圆半径很小，轴上的内角倒圆半径很大时，装配时凸出的外棱会与轴上内角倒圆干涉。

因此，外棱的倒圆必须大于内角倒圆才行。

倒角也是同样的。在螺栓与螺栓通孔的装配时，以及同时使用垫片时，由于这些零件间的间隙都大于倒角，不会发生干涉问题。

▲外棱倒角、内角倒圆后圆轴的轴肩

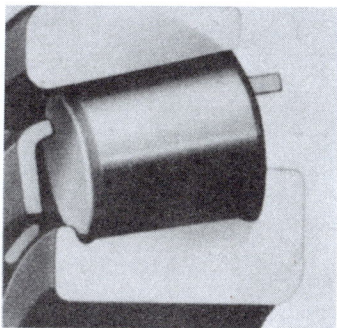

▲轴承内外圈的倒圆

▲所有外棱都已倒角

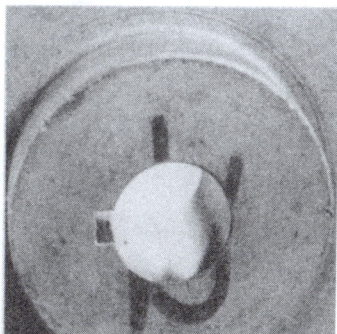

▲铸件的内外圆角

▲轴孔外棱的倒角

6 表面粗糙

机械零件，根据其使用场所、条件不同，其表面的状态也不同。

有的零件对表面状态没有要求；有的铸件、锻件表面不用切削加工；有的零件在机器内部，人眼看不见，不和其他零件相接触的部分只要粗加工一下就可。

与操作者或其他人员的手相接触的部分，应该进行中等精度以上的加工。

当然确定表面状态还要考虑外观上的问题。与其他零件相结合的部分，并且高速回转、承受重载的表面必须精密加工。否则，会很快地在表面不平处发生磨损、变形。

另一方面，即使尺寸精度再高，如果被测表面很粗糙，那么这个精密尺寸也不可信赖。尺寸精度要求高的地方，表面状态也必须要求高。

因此就有了"表面粗糙度"的标准，并且根据机械零件的使用需要，对其表面粗糙度做出规定。

表面粗糙度有三种测量方法，对其术语的含义及其相应的名称、区分方法等都做了规定。

▼ 表面粗糙度的数值与记号的对应关系

	最大高度	十点平均粗糙度	中心线平均粗糙度
▽▽▽▽	0.8S	0.8Z	0.2a
▽▽▽	6.3S	6.3Z	1.6a
▽▽	25 S	25 Z	6.3a
▽	100 S	100 Z	25a
〜	没有特别规定		

▲平垫圈的表面粗糙度，左为研磨▽▽中·右 普通垫圈不加工〜

▲圆锥销的表面粗糙度为▽▽▽，1级的为3S，2级的为6S

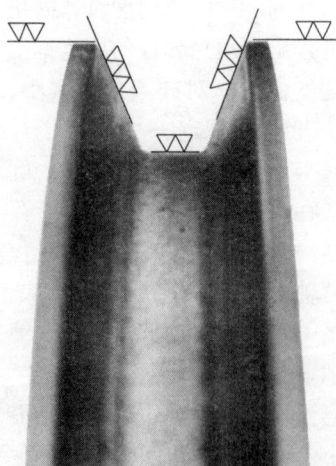

▲V带轮的表面粗糙度

度

使用最多的表示方法是以"最大高度"来表示。在要测定的表面上，选取基准长度，在基准长度范围内将测得的最大高度以微米（μm，0.001mm）为单位来表示。对名称、标记也是有规定的，一般用数值来表示，在数值的后面附加一个 S。数值从 0.1S 开始，如表所示，逐项倍增。

以普通平键为例，平键的两侧面必须与键槽的两侧面紧密接触，与之相反，上下面间要有间隙。因此，在对键宽的尺寸公差严格要求的同时，侧面的粗糙度严格要求为 0.3S，而上下面为 25S。

对于楔键，这点正好相反，两侧面为 25S。楔键的斜度为 1/100，上下面与其他零件相接触，而两侧的不工作。

除了用"最大高度"来表示表面粗糙度以外，还有十点平均粗糙度、中心线平均粗糙度表示法，一般不用。

与上面讲的表面粗糙度的数值表示法相比，用表面粗糙度加工符号来表示的更多，在机械零件的标准中，很多地方也使用。

例如，在 V 带轮的标准中（98 页），对带槽部分的表面粗糙度进行了规定，与 V 带相接触的带槽的两侧面的粗糙度为▽▽▽，即最大高度为 6.3S，其他部分为▽▽，达到 25S 就可以。

表面粗糙度的数值与记号的对应关系见 158 页的表。

▼在机械的内部与其他零件不联接的地方，铸件的表面没有加工（铣床）

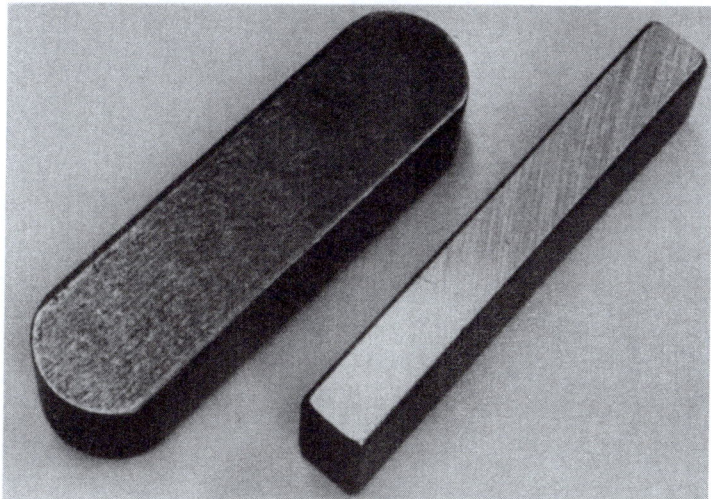

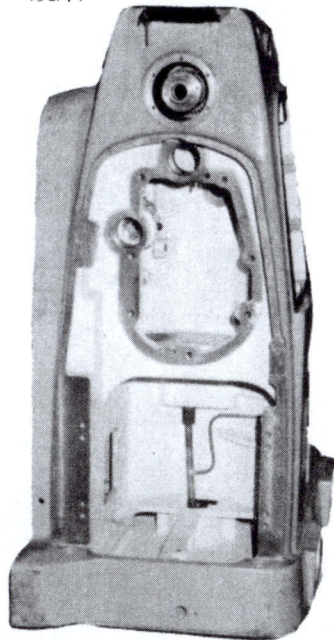

▲平键的表面粗糙度，左的上下表面为▽▽，25S，右的两侧为▽▽▽，6.3S

根据需要，机械零件有各种各样的形状。

例如，零件平直的部分可能起到某种导向的作用，圆形的部分可能是为了转动用的，圆筒形的部分可能既有导向又有回转的功能。

关于零件形状与位置公差的术语、定义、表示方法等，都有相应的标准。并非对所有的机械零件的形状与位置公差都逐一给出要求，但是在其设计、制造过程中，应该注意这一点。

以螺栓为例，螺栓呈长圆柱形，它的圆柱度、直线度当然要达到一定的要求。但是，对其圆柱度和直线度并没有明确规定。穿螺栓的

螺栓通孔并不是与螺栓一样大的，它们之间是有间隙的，正因为如此，才可以不规定形状与位置公差。

但是，对于圆柱滚子轴承中的滚子，若不规定形状与位置公差要求是不可以的。滚子的断面必须是圆的，轴线必须是直线。为此，对滚子轴承滚子（74 页）的断面圆度、直线度都做了规定，称为圆度、圆柱度。

对于装配轴承的轴来说也是如此。至少要对两个支撑轴颈部分的圆度有要求，两处的同轴度、直线度是非常重要的。当然圆度也很重要。即应该要求圆度、同轴度、圆轴度。

机械零件的精度的表示方法就是这样规定的。并且同时对机械零件的精度做了规定，这种精度称为形状公差。

形状公差分为以下几种：

● 直线度——实际直线与几何学上理想直线间的偏差。

● 平面度——实际平面与几何学上理想平面之间的偏差。

● 圆度——实际圆与几何学上理想圆间的偏差。

● 圆柱度——实际圆柱与几何学上理想圆柱面间的偏差。

● 线轮廓度——线的实际轮廓与由理论上正确尺寸所确定的几何轮廓线间的偏差。

● 面轮廓度——将线轮廓度定义中的"线"换成"面"的定义。

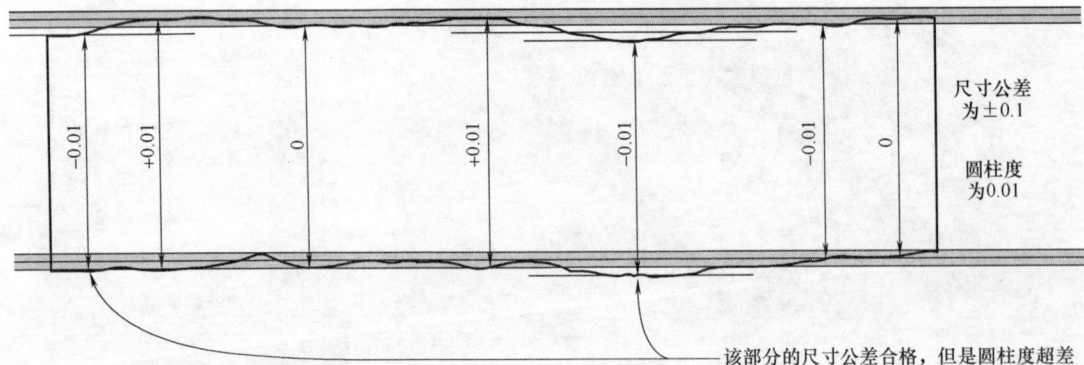

尺寸公差为±0.1

圆柱度为0.01

该部分的尺寸公差合格，但是圆柱度超差

▲虽然尺寸公差合格，但是圆柱度不合格的例子

置公差[○]

●**平行度**——在本应平行的直线与直线、直线与平面或平面与平面的组合中，以其中的一方为基准，另一方的直线或平面相对于基准直线或平面的偏差。

●**垂直度、倾斜度**——将平行度定义中的平行换成"垂直"、"倾斜"后的定义。

此外，位置公差也是出于同样的考虑作了如下规定。

●**位置度**——相对于点、直线或者是平面的基准部分而确定出的相对于理论正确位置的偏差。

●**同轴度**——应该与基准轴线同轴的轴线相对于基准轴线的偏差。

●**对称度**——相对于基准轴线或基准中心面应该互相对称的部分相对于对称位置的偏差。

●**跳动**——将机械零件绕其基准轴线回转时，在表面固定点处在指定方向上的位移变化量。

虽然这些术语有些难以理解，但它们都是指的相对于某一基准偏差有多大。

举一个滚子轴承的滚子（圆柱体）的例子。公称直径为 10mm 的精密级的滚子的直径公差、圆度、圆柱度的公差均为 0.001mm。即使对直径公差规定的再严格，那也只是对滚子全长中某一处的直径尺寸的限制。

如果滚子弯曲，即使直径尺寸公差合乎要求但圆柱度可能不合乎要求。

因此，必须对圆柱度也加以限制，对圆度也是如此。

直径是指在圆形上的某点处的尺寸，即使直径公差合乎要求，如果圆扁了，圆度超差也是可能的。因此，要对圆度也提出要求。

在机械零件中，"跳动"是使用最广泛的精度要求。带轮的外周相对于带轮轴心的跳动、轴承的内孔和外圈的跳动……有很多种。

即使装配轴承的机械主体加工的精度再高，假如轴承的内外圆都有过量跳动，那也没有意义。

▲对磨床砂轮轴的各部分的同轴度要求是很高的

○中国标准术语为几何公差。——译者注